电子信息类新技术"十三五"规划教材

区块链
智能合约技术与应用

李 悦 李 锋 蔡三锐 主编

东华大学 BAAS 区块链实验室 组编

西安电子科技大学出版社

内 容 简 介

本书全面介绍了区块链技术尤其是智能合约(链码)开发技术。全书共分为 8 章,第 1 章介绍区块链的基本概念,带领读者感受区块链的魅力;第 2 章介绍区块链所使用的信息安全技术,例如哈希算法、公钥算法等;第 3 章介绍超级账本的基本概念和应用案例;第 4 章介绍 Hyperledger Fabric 的安装、部署与调试;第 5 章介绍 Hyperledger Composer 智能合约开发工具和测试环境;第 6 章介绍 Hyperledger Composer 的基础语法、可选属性、可触发事件的编写方法以及测试模拟方法;第 7 章从电子货币案例出发,介绍 Hyperledger Composer 的自定义查询技术和复杂的网络模型建立方法;第 8 章通过实际案例讲解如何利用 Rest Server 生成的 API 来实现对区块链上数据的操作。

本书既注重系统性和科学性,又突出实用性,全面介绍了区块链超级账本应用开发所需技术和案例代码分析,适合于区块链应用的初学者和初级开发者,可作为高校相关课程的教材,亦可作为广大区块链应用开发人员、软件设计开发人员的参考书。

图书在版编目(CIP)数据

区块链智能合约技术与应用 / 李悦,李锋,蔡三锐主编. —西安:西安电子科技大学出版社,2019.11
ISBN 978–7–5606–5494–2

Ⅰ. ① 区… Ⅱ. ① 李… ② 李… ③ 蔡… Ⅲ. ① 计算机网络—网络安全—高等学校—教材

Ⅳ. ① TP393.08

中国版本图书馆 CIP 数据核字(2019)第 241688 号

策划编辑　李惠萍
责任编辑　唐小玉
出版发行　西安电子科技大学出版社(西安市太白南路 2 号)
电　　话　(029)88242885　88201467　　　　　　邮　　编　710071
网　　址　www.xduph.com　　　　　　　　电子邮箱　xdupfxb001@163.com
经　　销　新华书店
印刷单位　陕西天意印务有限责任公司
版　　次　2019 年 11 月第 1 版　2019 年 11 月第 1 次印刷
开　　本　787 毫米×1092 毫米　1/16　印张 14.5
字　　数　341 千字
印　　数　1～3000 册
定　　价　36.00 元
ISBN　978–7–5606–5494–2 / TP

XDUP 5796001-1

如有印装问题可调换

前　言

世界经济论坛(即达沃斯论坛)创始人 Klaus Schwab 说："自蒸汽机、电和计算机发明以来，人们又迎来了第四次工业革命——数字革命，而区块链技术就是第四次工业革命的成果。"区块链作为下一代的可信互联网，必将颠覆所有在其之上运行的业务，让整个基于互联网的企业、生态、产业链彻底做一次变革创新。包括 IBM、微软、亚马逊、脸书、腾讯和阿里巴巴在内的信息产业巨头都已经投入了大量研发力量成立区块链项目团队。例如，蚂蚁金服的"相互宝"就是一个典型的区块链 + 保险应用；亚马逊云平台 AWS 推出区块链模板，帮助客户一键上链；脸书公司计划推出基于社交网络的数字货币。根据现在的发展趋势，区块链将在各行各业得到广泛应用。

超级账本(Hyperledger)是 Linux 基金会旗下的区块链开发平台项目，致力于发展跨行业的商用区块链平台技术。超级账本项目自创立伊始便吸引了众多行业的领头羊，包括金融、银行、互联网、运输、制造等行业。目前，超级账本项目在全球有 100 多个成员，包括 IBM、Cisco、Intel、J.P.Morgan、荷兰银行、SWIFT 等。基于区块链技术、智能合约及其他相关技术，超级账本项目在建立新一代分布式账本交易应用平台，简化与商业流程相关事务的同时，还将发展商业信任、运作透明、审查方便等能力。本书在剖析区块链核心技术时，会对实际区块链项目的具体实现进行讲解，力图探索其核心思想，展现其设计精华，剖析其应用特性。

本书在写作中秉承了由浅入深、由理论到实践的思想。全书共分为 8 章，前 3 章是区块链理论讲解，后 5 章通过项目实例讲解介绍区块链开发技术尤其是智能合约编写技巧。具体安排如下：

第 1 章　本章是区块链技术与生态的概览，涉及区块链的基本概念、演进、层次模型和共识算法等，详细解释了比特币的工作机制，介绍了以太坊、EOS、超级账本等主流技术平台；并结合现代背景和区块链的发展现状，阐述了区块链的应用场景，让读者对区块链有一个整体性的了解。

第 2 章　本章围绕区块链中的信息安全技术展开，从介绍信息安全的五大特征开始，依次介绍了对称密码和公钥密码技术。其中，在公钥密码技术中详细讲解了大整数因子分解问题、离散对数求解问题和密钥交换协议等重要知识，着重阐述了哈希算法和 Merkle 树技术。

第 3 章　本章是企业级区块链平台——分布式超级账本(Hyperledger Fabric)的概览，涉及分布式超级账本的基本概念、演进，着重分析了超级账本平台的应用场景，有助于读者对区块链和 Hyperledger Fabric(以下简称 Fabric)的设计理念有一个整体性的了解。

第 4 章　本章首先介绍 Fabric 的开发流程，从零开始完成环境搭建、样例网络运行、样例链码分析和编写等过程，并最终通过命令行成功地调用了链码(在 Fabric 里，智能合约被称为链码)，完成了 Fabric 区块链上的数据存储。链码的调用方式有命令行调用和 SDK 调用两种，本章使用命令行方式对链码进行安装、实例化和调用。这种调用方式虽较为复杂，却是 Fabric 区块链开发的基础。读者需要切实掌握命令中每个选项的含义，避免盲目拷贝代码，为后续自己搭建区块链网络做好准备。

第 5 章　本章带领读者从零开始学习超级账本开发工具——Hyperledger Composer。我们先给出开发业务网络的整体思路，然后依次讲解搭建环境、CTO 建模语言以及业务逻辑代码的编写、部署和测试，并且完成一个简单的卡片交易业务网络。通过本章的学习，读者基本了解了 Hyperledger Composer 的开发流程，并且能感受到 Composer 开发区块链应用的益处。

第 6 章　本章介绍使用 Hyperledger Composer 开发两个简单的区块链业务网络，并学习 Hyperledger Composer 的可选属性、概念、事件等用法，详细讲解在编码后如何进行情景测试，为读者提供扩展网络的思路。

第 7 章　通过项目实例讲解介绍了 Hyperledger Composer 的一个高级功能——自定义查询，并且通过实战了解三方交易的类型和拍卖的业务网络，帮助读者熟悉框架的同时开拓了开发思路。

第 8 章　本章首先带领读者了解区块链项目的几种开发方式，接下来介绍目前主流的几种编程语言的特点、应用场景及接入 Composer Rest Server 的方法。

相信读者在阅读完本书后，在深入理解区块链核心概念和原理的同时，对于区块链和分布式账本领域最新的技术和典型设计实现也能了然于心，可以更加高效地开发基于区块链平台的分布式应用。

本书的案例资料和实战项目都出自作者及其团队所在的东华大学 BAAS 区块链实验室。东华大学 BAAS 区块链实验室由国家"211 工程重点高校"东华大学与尝试实业(上海)有限公司联合成立，总部设在上海，目前已为三十多家企业提供了区块链项目开发、咨询和培训服务。团队拥有核心技术专利 11 项，区块链相关软件著作权 24 项，与国内近百所高校、宏观资本、汉景资本、大型审计所、多省商会等百余家行业翘楚单位达成战略合作。团队致力于打造自主可控的企业级区块链技术应用咨询与人才培训平台，推动区块链技术的学术研究与技术研发，共同推进区块链技术在中国互联网、科技金融等行业中的技术变革和应用落地。随着实验室研究工作的深入推进和不断扩大，后续还将推出新的著作。

在本书长达一年时间的编写过程中，得到了来自家人、同事以及西安电子科技大学出版社李惠萍编辑的支持和鼓励，在此表示感谢！感谢东华大学 BAAS 区块链实验室成员李豫沛、周奕军、邓翔天、刘憶童的合作编写。

最后，希望本书的出版，能为广大区块链技术爱好者和开发者提供帮助。

作　者
2019 年 6 月于上海

目　　录

第1章 区块链概述

区块链是一种基于P2P网络的分布式账本技术,它整合了密码学、共识算法、智能合约等关键技术,是架构在通信网络之上的,能够与物联网、大数据、云计算、人工智能等进行深度融合的新一代信息技术。区块链具有可多方维护、不可篡改、开放透明三个关键特点,是缺乏信任或者弱信任的多人/多物之间,按照既定的共识规则进行协作的系统。区块链的应用可以归纳为存证溯源、交易支付、数据索引三个基本应用点,其根本效用是在物理世界与虚拟空间之间架起一座桥梁,构建全新的数字社会。

本章主要介绍区块链技术的基础概念和应用,先对区块链的概念进行剖析,然后再进一步讲解区块链的技术平台和有关区块链DAPP的应用开发。

 【学习目标】

➢ 了解区块链的基本概念;
➢ 认识区块链的技术平台;
➢ 了解区块链DAPP开发知识。

1.1 区块链的概念

区块链技术是金融科技领域当下最受人关注的方向之一。区块链作为一个新兴技术,具备去中心化、防篡改、可追溯等众多金融领域十分需要的特点。它可以打造多方场景下开放、扁平化的全新合作信任模型,而这些都为实现更高效的资源配置,具体地说是更高级的金融交易,提供了有效的技术手段。在可见的未来,区块链技术将为人类商业社会的快速发展带来更多发展机遇和成长空间。

1.1.1 区块链的历史与演进趋势

从20世纪80年代开始,数字货币技术就一直是研究的热门,前后经历了几代演进,比较典型的成果包括E-Cash、HashCash、B-money等。

1983年,David Chaum最早在论文《Blind Signature for Untraceable Payments》中提出E-Cash货币,并于1989年创建了Digicash公司。E-Cash系统是首个匿名化的数字加密货币(Anonymous Cryptographic Electronic Money 或 Electronic Cash System),基于David Chaum发明的盲签名技术(盲签名技术将在2.5.2小节中做具体描述),曾被应用于部分银行

的小额支付系统中。

1997 年，Adam Back 发明了 HashCash 货币，以解决邮件系统中 DoS 攻击问题(DoS 攻击问题就是黑客利用被植入病毒的电脑向服务端频繁发送非正常请求，使服务器的内存和 CPU 超负荷，导致其无法正常工作)。HashCash 首次提出用工作量证明(Proof Of Work，POW)机制(工作量证明在本章 1.2.1 中会详细讲解)来获取额度，该机制后来被数字货币技术所采用。

1998 年，Wei Dai 提出了 B-money 货币，将 POW 引入数字货币生成过程中。B-money 是首个面向去中心化设计的数字货币，从概念上看已经比较完善，但是很遗憾，其未能提出具体的设计实现。

以上三种数字货币都或多或少地依赖于第三方信用担保系统。直到比特币的出现，将工作量证明机制(POW)与共识机制联系在一起，才首次真正意义上实现了一套去中心化的数字货币系统。

比特币依托的分布式网络无需任何管理机构，自身通过数学和密码学原理来确保所有交易的成功进行，并且比特币自身的价值通过背后的计算力进行背书。这也促使人们开始思考：在越来越数字化的世界中，应该如何发行货币以及如何衡量货币的价值。

2008 年 10 月 31 日，一位化名为 Satoshi Nakamoto(中本聪)的人在 metzdowd.com 网站的密码学邮件列表中提出了比特币(Bitcoin)的设计白皮书《Bitcoin: A Peer-to-Peer Electronic Cash System》，并在 2009 年公开了最初的实现代码。首个比特币于 UTC 时间 2009 年 1 月 3 日发行。

在该白皮书中，"中本聪"描述了一个完全去中心化的电子现金系统，每个参与者在该系统中都是对等的，他们不依赖于中央权威，能够独立地进行交易和交流。

为了实现这套系统，技术人员利用椭圆曲线数字签名算法(Elliptic Curve Digital Signature Algorithm，ECDSA)来实现数据加密，利用 P2P 网络来实现数据分布式存储，这样就得到了一个不可篡改的去中心化数据存储系统。比特币是区块链的第一代应用，也是构建在区块链技术上的典范应用。

随着比特币技术的发展和业界对其系统技术架构了解的日益加深，人们发现这些技术还能应用在其他领域，于是相关技术人员将这些技术提取并系统化，将它们命名为区块链。

区块链技术起源于比特币，但迄今的发展又高于比特币，形成了一套完备的技术体系。如果说比特币是影响力巨大的社会学实验，那么从比特币核心设计中提炼出来的区块链技术，则让大家看到了塑造更高效、更安全的未来商业网络的可能。

实际上，人们很早就意识到，记账相关的技术对于资产(包括有形资产和无形资产)的管理(包括所有权和流通)十分关键；而去中心化或多中心化的分布式记账技术，对于当前开放、多维化的商业模式意义重大。区块链的思想和结构正是实现这种分布式记账系统的一种极具可行潜力的技术。

区块链技术现在已经在金融、贸易、征信、物联网、共享经济等诸多领域崭露头角。美国区块链专家梅兰妮·斯万(Melanie Swan)针对区块链应用领域的演化，提出了从区块链 1.0、2.0 到 3.0 的进化阶段。区块链 1.0 的主要功能是数字货币，它构建了去中心化的数字支付系统，实现了快捷的货币交易、跨国支付等多样化的金融服务；在 2.0 时代，区块链的应用范围扩展到智能合约，使用算法来代替传统合同，这将会对其他领域的社会契约造成极大的影响；而 3.0 时代的区块链将所有人和机器都连接到一个全球性的网络中。届时，区块链将以去中心化的方式配置全球资源，进而建立基于区块链技术的共享经济社会。尽管专家的预言能否成真仍是一个问题，但区块链技术在目前因其仍待挖掘的巨大应用潜力，确实已受到了各行各业的密切关注，并给我们的日常生活带来潜移默化的影响。

1.1.2 区块链的本质

区块链作为一个独立的技术名词，由于其应用在各个领域的广泛性和复杂性，从不同角度看会有不同的解释。

1. 从网络的角度来看区块链

区块链的底层网络模型完美地实现了数据分布式存储，比特币系统迄今为止都没有过一次宕机，这也充分证明了该网络模型的稳定性。

2. 从协议的观点来看区块链

区块链是一种价值传输信任协议。过去互联网上没有这种协议，因此无法进行价值传输和确权。现在有了区块链协议，再加上互联网的作用，就可以通过互联网传输价值信息、实现确权和权证转移等功能。

3. 从底层技术角度看区块链

顾名思义，区块链是一个链状体，该链上分布着一个个区块，每个区块中存储了数据。因此区块链更像是一个数据结构，通过这样的存储方式防止数据被篡改。

4. 从密码学角度看区块链

区块链利用哈希函数和椭圆曲线数字签名算法来保证区块中数据的完整性和正确性。

5. 从数据存储技术角度来看区块链

区块链是一个去中心化的分布式数据库，通过集体协作，以去中心化的方式来维护数据库的安全，防止其被篡改。区块链像是一个巨大的账本，一个客观的第三方公证处，记录和见证每一个交易的成功与失败。它独立地存在着，不受任何人的控制。

6. 从对人类文明的影响来看区块链

生产工具是人类文明发展水平的重要标准，生产方式决定人类文明形态的形成。区块链是一种全新的生产工具，并且改进了生产方式，因此它对人类文明的影响毋庸置疑是巨大的。然而放眼当下，很难界定其最终成果该是如何，科研人员只能慢慢摸索，在逆流中不断奋起，争取创造更多更美好的成果！

1.1.3 区块链的技术特点

关于区块链的技术特点，很多人围绕这一点展开过讨论。引用维基百科上的一段说明："区块链技术是基于去中心化的对等网络，用开源软件把密码学原理、时序数据和公式基础相结合，来保障分布式数据库中各节点的连贯性和持续性，使信息能及时验证、可追溯，但数据难以被篡改和无法屏蔽，从而创造一套隐蔽、高效、安全的共享价值体系。"因此我们可以将区块链的技术特点归纳如下：

1. 去中心化

区块链的底层网络是一种称为 P2P(Peer to Peer)的点对点技术。在这一网络中，没有中心化服务器，没有中介/第三方机构，所有节点的权力与义务都相等。每个节点都需要以挖矿的方式平等地维护着同一个区块链，只要不超过 50%的节点造假就不会影响到系统的正常运行。而底层网络中有成千上万的节点，并且分布于世界各地，因此没有哪个人能"控制"整个系统。

2. 数据加密

数据在存储时采用密码学方法对其进行加密并拥有特定的时序，使数据不能轻易被篡改并且可以追溯。区块链网络中的每一个节点都拥有最新的、完整数据库的备份(即数据的集合)，修改单个节点的数据库自然是无效的。

3. 去信任化

系统中所有节点之间无须信任也可以进行交易，因为数据库和整个系统的运作是公开透明的，在系统的规则和时间范围内，节点之间无法欺骗彼此。

4. 难以被篡改

所有参与者共同参与数据的创建与维护工作。在没有其他参与者允许的情况下，任何一方都不可以对数据进行篡改。

5. 智能合约

除了以上基础特性外，随着需求的日益增长和技术的不断增进，智能合约这个新特性也诞生了。智能合约是一种旨在以信息化方式传播、验证或执行合同的计算机协议。智能合约允许在没有第三方的情况下进行可信交易，这些交易可追踪且不可逆转。

6. 可升级性

区块链的去中心化特点使得区块链系统机制的维护与升级工作变得复杂，但并非没有办法升级。在区块链网络中，系统机制的变化意味着网络节点需要遵守新的共识规则、验证规则，而且又可能存在拒绝机制改动、想要延续旧版本机制的用户，而"分叉"手段的存在正是为了满足各种用户的需求，完成对区块链系统的升级。

分叉技术分为硬分叉和软分叉两种。区块链发生永久性分歧，在新共识规则发布后，部分没有升级的节点无法验证已经升级的节点产生的区块，通常此时硬分叉就会发生。硬分叉是指区块格式或交易格式发生改变时，未升级的节点拒绝验证已经升级的节点生产出的区块。不过已经升级的节点可以验证未升级节点生产出的区块，各自延续自己认为正确的链，所以分成两条链。

软分叉是指交易的数据结构发生改变时，未升级的节点与已升级的节点可以验证彼此产生出的区块，因此在区块链层面上没有分叉的链，只有组成链的区块的新旧之分。

综上所述，区块链技术具有分布式数据存储、密码学加密、P2P 网络等技术应用。正是由于这些技术特点的存在，使得区块链技术能够构建一个去中心化的、点对点对等的、不可篡改的、安全的价值传播网络体系。

1.1.4 区块链的层次模型

1. 区块链的基本架构

区块链基本架构可以分为数据层、网络层、共识层、激励层、合约层、应用层。

1) 数据层

数据层主要描述区块链的物理结构,封装了区块链的存储数据、链式结构、时间戳、公钥数据、私钥数据、随机数以及非对称加密等区块链核心技术,是区块链中最底层的数据结构。区块链系统设计的技术人员首先建立的一个起始节点是"创世区块",之后在同样规则下创建的规格相同的区块通过一个链式结构依次相连组成一个主链条。随着运行时间的延长,新的区块通过验证后不断被添加到主链上,主链也会不断地延长。

2) 网络层

网络层主要提供点对点的数据通信和数据验证机制,通过 P2P 技术实现分布式网络,具备自动组网的机制,节点间依靠维护共同的区块链结构来保持彼此的通信。每一个节点既接收信息,也产生信息,并参与新区块生成的验证工作。

3) 共识层

共识层主要提供网络节点间达成共识的各种共识算法,含有共识机制,能让高度分散的节点在无中心的区块链中高效地达成共识。现今区块链的共识机制可分为工作量证明机制、权益证明机制、股份授权证明机制和 Pool 验证池四大类。

4) 激励层

激励层主要提供激励措施,鼓励节点参与到区块链的安全验证工作中。在区块链技术体系中加入经济奖励制度,激励遵循规则来记账的节点,对不遵守规则的节点实施相应的惩罚措施。根据共识层机制的实现原理,激励层的运行机制也会出现对应的改变。激励层的存在意义便是为了让表现诚实、为区块链维护做出贡献的用户受到应有的奖励,并遏制用户的不诚信行为。

5) 合约层

合约层封装了各类脚本、智能合约和算法,是区块链可编程的基础,可用于定义区块链代币的交易方式和过程中涉及的种种细节,并通过将代码嵌入区块链的方式来实现智能合约的自定义,无需经过第三方就能够自动执行,是整个区块链信任模块的基础。

6) 应用层

应用层封装了区块链技术的应用场景和案例,如电脑操作系统中的应用程序、移动端上的 APP 等,将区块链技术部署在以太坊、EOS 平台(EOS 平台在本章 1.3.3 小节进行讲解)等上并在实际生活中应用。

在该架构中,数据层、网络层、共识层是构建区块链技术的必要元素,缺少任何一层都不能称之为真正意义上的区块链技术;而激励层、合约层和应用层不是每个区块链应用的必要因素,一些区块链应用并不完整包含此三层结构。区块链基本架构如图 1-1 所示。

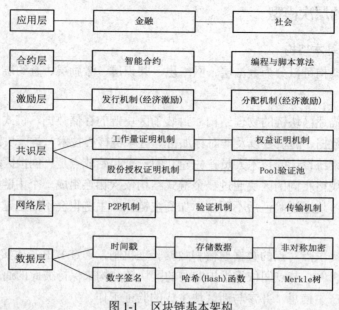

图 1-1　区块链基本架构

2. 区块链的组成

每一个区块一般都由区块头和区块体两部分组成，区块中所有的数据通过哈希算法得到一个哈希值，该哈希值存储在区块头中，并且每一个区块都会存储前一个区块的哈希值，这样就可以把所有区块连接在一起，从而形成区块链。当某一方想要篡改某一区块中的交易时，势必会导致该区块的哈希值发生变化，这样一来后面区块中存储的前一区块的哈希值也会改变，相应地，之后所有区块的哈希值都会变化。因此为了使被篡改的交易值得到认同，篡改者就要从当前节点开始，改变后面所有的区块。由于工作量太大且篡改成本会远远超过收益，因此这基本是不可能完成的事。因此区块链从一定程度上来说，是具有高度安全性的。一个简单的哈希链如图 1-2 所示。

区块链的区块头中含有前一区块的哈希值、版本号、时间戳、随机数、Merkle 根(Merkle 根在 2.2.4 小节有详细讲解)、难度目标等信息，而区块体中包含了此区块的所有交易信息，并且,每个区块都有自己的区块标识符——区块头哈希值和区块高度。区块结构如图 1-3 所示。

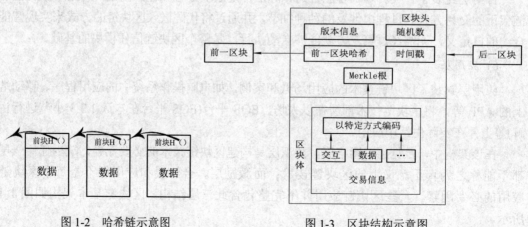

图 1-2　哈希链示意图　　　　　　　　　　图 1-3　区块结构示意图

区块主标识符是区块的哈希值，一个通过 SHA256 算法对区块头进行二次哈希计算而得到的数字指纹(数字指纹是一串信息的哈希值，具体细节在第 2 章会详细讲解)。区块哈希值可以唯一明确地标识一个区块，任何节点都可以通过哈希计算计算一个区块头来得到该区块头的哈希值。

1.1.5 区块链的基本类型

区块链技术具有广泛的应用领域。而在不同的应用场景中，人们对于承载服务业务的区块链网络有着不同的需求，由此便衍生出不同类型的区块链。本节将对公有链、私有链、联盟链这三种常见的区块链类型进行介绍。

1. 公有链

公有链是指全世界任何人都可读取，任何人都能发送交易且交易能获得有效确认，任何人都能参与共识过程的区块链。共识过程决定哪个区块可被添加到区块链中，同时明确当前状态。

公有链有如下几个特点：

(1) 保护用户免受开发者影响。在公有链中，程序开发者无权干涉用户，区块链可以保护其用户。

(2) 访问门槛低。任何人都可以访问公有链，只要有一台能够联网的计算机就能满足最基本的访问条件。

(3) 所有数据默认公开。公有链中的每个参与者都可以看到整个分布式账本中的所有交易记录。

2. 私有链

私有链是指其写入权限仅在一个组织手里的区块链，目的是对读取权限或者对外开放权限进行限制。

私有链有如下几个特点：

(1) 交易速度非常快。私有链中少量节点具有很高的信任度，并不需要每个节点都来验证一个交易。因此，私有链的交易速度比公有链快很多。

(2) 为隐私提供更好的保障。私有链的数据不会被公开，除非拥有规定的访问权限，否则无法获取链中数据。

(3) 交易成本大幅降低甚至为零。私有链上可以进行完全免费或者至少说是非常廉价的交易。如果一个实体机构控制和处理所有的交易，那它就不再需要为工作收取费用。

3. 联盟链

联盟链是指其共识过程受到预选节点控制的区块链。例如，对由 15 个金融机构组成的共同体而言，每个机构都运行一个节点，为了使每个区块生效，需要其中半数以上机构的确认。区块链上的数据可能会允许每个人读取，也可能会受限于参与者身份，并实现基于用户节点身份的访问控制功能。

1.1.6 区块链的共识算法

所谓共识(Consensus)，通俗地讲，就是大家对某一事物的理解达成一致。例如在日常生活中，开会就是对某一问题进行讨论，以便得出结论。总的来讲，共识是一种规则机制。

就会议的例子来说，参与会议的人，通过讨论的方式来达到解决问题的目的。在区块链中，参与挖矿的矿工通过某种共识算法来解决自己账本和其他节点账本保持一致的问题。而让账本保持一致的意思就是让区块链中的信息保持一致。

"挖矿"是区块链中一个专业术语，是对"为获取比特币而付出努力"这个过程的比喻，它通过消耗计算资源来处理交易，确保网络安全，保持网络中每个人的信息同步。可以理解为是比特币的数据中心，区别在于完全分布式的设计。挖矿实质上是在用计算机解决一项复杂的数学问题，来保证比特币网络分布式记账系统的一致性。也就是说要算出当前区块复杂数学问题的解。

"矿工"在世界各国进行操作，没有人可以控制网络。有些矿工为了能挖到比特币，就不断提高自己的挖矿设备的配置，这实则是提高自己计算机计算哈希函数的速度。

区块可以看做是比特币账本的单独一页纸或者总账本。在绝大多数情况下，新区块被加入到记录最后(在比特币中的名称为块链)，一旦写上，就再也不能改变或删除。每个区块记录了它被创建之前发生的所有事件。

比特币挖矿实际上就是记账的过程，比特币的运算采用了一种称为"工作量证明(Proof of Work，PoW)"的机制，系统为了找出谁有更强大的计算能力，每次会出一道数学题，只有最快解出这道题目的计算机才能进行记账。

区块链的基本性质对共识算法的实现提出了不小的挑战。区块链网络建立于 P2P 网络之上，可被视作一个分布式系统。在分布式系统中存在"同步"和"异步"这两个术语。同步是指系统中各个节点的时钟误差存在上限，消息传递必须在一定时间内完成，否则认为失败；同时各个节点完成消息处理的时间是一定的。对于同步系统，可以很容易地判断消息是否丢失。异步是指系统中各个节点可能存在较大的时钟差异，同时消息传输时间是任意长的，各节点对消息进行处理的时间也可能是任意长的，因此无法判断某个消息迟迟没有响应是哪里出了问题(如是节点故障或传输故障)。很显然，基于 P2P 网络的区块链系统就是一个异步系统，在公有链类型区块链中，这一点尤为凸显。科学家们所提出的相关定理——FLP 不可能原理——已在理论层面上证明，为异步分布式系统设计在任意场景下都能实现的共识算法是不可能的。

FLP 原理实际上说明在允许节点失效的情况下，纯粹异步系统无法确保在有限时间内完成一致性。但这不意味着我们无法设计出一个基于区块链技术的共识算法。在工程领域中，通过控制最坏情形(如一致性被破坏)的发生概率，将其降低至一个可接受的范围后，我们便可以考虑在实际场合中使用该算法了。

共识算法绝非区块链的"专利"。任何分布式系统皆可针对自身性质，采用不同的共识算法。下面将首先介绍几个经典的共识算法。

1. Paxos 算法

Paxos 算法应用于分布式系统中存在故障、但不存在恶意节点的场景下的共识达成问题，其原理基于"两阶段提交"并进行泛化和扩展，通过消息传递来逐步消除系统中的不确定状态。Paxos 能保证在超过一半的节点正常工作时，系统总能以较大概率达成共识。

1) Paxos 算法的逻辑角色和约束要求

Paxos 算法将节点分为三种逻辑角色，在实现上同一个节点可以担任多个角色。

(1) Proposer：提议发起者。Proposer 可以有多个，Proposer 提出提案(value)。所谓 value，可以是任何操作，比如"设置某个变量的值为 value"。不同的 Proposer 可以提出不同的 value，例如某个 Proposer 提议"将变量 X 设置为 1"，另一个 Proposer 提议"将变量 X 设置为 2"。但对同一轮 Paxos 过程，最多只有一个 value 被批准。

(2) Acceptor：提议接受者。Acceptor 有 N 个，Proposer 提出的 value 必须获得超过半数($N/2+1$)的 Acceptor 批准后才能通过。Acceptor 之间完全对等独立。

(3) Learner：提议学习者。上面提到只要超过半数 Acceptor 通过即可获得通过，那么 Learner 角色的目的就是把通过的确定性取值同步给其他未确定的 Acceptor。

算法需要满足 Safety 和 Liveness 两方面的约束要求。Safety 约束用于保证提案(value)结果是对的，无歧义的，不会出现错误情况。Liveness 约束用于保证提案过程能在有限时间内完成。

Paxos 算法的基本过程是多个提案者先争取到提案的权利；得到提案权利的提案者发送提案给所有人确认，得到大部分人确认的提案成为被批准的结案。Paxos 将算法分为准备阶段和提交阶段。准备阶段通过锁来解决对哪个提案进行确认的问题，提交阶段解决提案表决的问题。

2) Paxos 算法的详细过程

Paxos 算法的详细过程如下所述：

(1) 准备阶段：

· 提案者将自己计划提交的提案编号作为准备信息(Prepare(n))发送给多个接收者，试探是否可以锁定多数接收者的支持。

· 接受者时刻保留收到过提案的最大编号和接受的最大提案。如果收到的提案号比目前保留的最大提案号还大，则返回自己已接受的提案(如果还未接受过任何提案，则为空)给提案者，更新当前最大提案号，并承诺不再接受小于最大提案号的提案。

(2) 提交阶段：

· 提案者如果收到大多数接受者的回复，则可准备发出带有刚才提案号的接受信息(Accept(value，n))，否则直接视为提案失败。如果收到的回复全为空值，则继续使用自己的提案值，否则替换提案值为返回提案中编号最大提案的提案值。

· 接受者接收到"接受"信息后，如果发现提案编号不小于已接收的最大提案编号，则接受该提案，并更新接受的最大提案。

· 一旦多数接受者接受了共同的提案值，则形成决议并成为最终确认案，Proposer 将通知 Learner 更新提案内容。至此，一轮 Paxos 过程结束。

3) Paxos 算法的运行过程

下面将配合图例(图 1-4)讲解 Paxos 算法的运行过程。

(1) Proposer1 把提案 1 的准备请求发送给所有 Acceptor，并接收到来自 Acceptor1 与 Acceptor2 的回复(Acceptor3 因网络原因未能收到请求)。因为 Acceptor1、Acceptor2 此前从未接受过任何提案，所以回复为空，同时更新接收的最大提案。(时间轴①)

(2) Proposer2 把提案 2 发送给所有 Acceptor，并接收到来自 Acceptor2 与 Acceptor3 的

回复。两个 Acceptor 此前从未接受过任何提案，因此回复为空，同时更新接收的最大提案。(时间轴②)

(3) Proposer1 获得超过半数准备请求的回复，且收到的回复全为空值，因此继续使用自己的提案值，并发送提案 1 的"接受"请求至回复它的 Acceptor。Acceptor1、Acceptor2 收到接受请求后检查提案号与已接收的最大提案号，Acceptor1 同意请求并将提案作为自己的已接受提案，Acceptor2 拒绝请求。因为没有超过半数，所以提案失败。(时间轴③)

(4) Proposer2 获得超过半数准备请求的回复，且收到的回复全为空值，因此继续使用自己的提案值，发送提案 2 的"接受"请求至回复它的 Acceptor。Acceptor2、Acceptor3 收到接受请求后检查提案号与已接收的最大提案号，两个 Acceptor 都同意了 Proposer2 的接受请求，超过半数，故一轮 Paxos 过程结束。(时间轴④)

如果在时间轴④中某个 Acceptor 至 Proposer2 的回复并未能发送成功，那么该提案 2 将会因支持者不超过半数而失败。此时 Acceptor1、Acceptor2、Acceptor3 三者皆留有一份自己已接受的提案。而最终通过的提案的值无论如何都会继承提案 2 的值，请读者自行思考其中的原因。

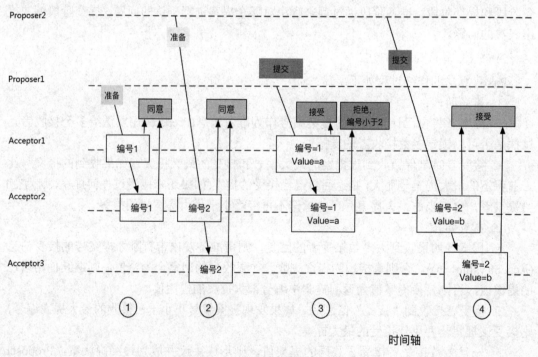

图 1-4 Paxos 算法图例

2. 拜占庭问题与 PBFT 算法

1) 拜占庭算法概述

拜占庭问题更为广泛，讨论的是允许存在少数结点作恶(消息可能伪造)场景下的一致性达成问题。在公有链环境中，这一需求尤为突出。如果存在能够伪造数据的攻击手段，那么区块链网络的公信力必将荡然无存。拜占庭容错(Byzantime Fault Tolerance，BFT)算法讨论的是在拜占庭情况下对系统如何达成共识。

拜占庭问题是 Leslie Lamport 等科学家于 1982 年提出的用来解释一致性问题的一个虚构模型。问题中，守卫边境的多个将军(系统中的多个节点)需要通过信使来传递消息，以达成某些一致的决定。但由于将军中可能存在叛徒(系统中节点出错)，这些叛徒将努力向不同的将军发送不同的消息，试图干扰共识的达成。拜占庭问题即为在此情况下，如何让忠诚的将军们达成行动的一致。该模型指出，对于拜占庭问题来说，假如节点总数为 N，叛变将军数为 F，则当 N≥3F+1 时，问题才有解。

例如，N = 3，F = 1 时，可分为两种情况：

(1) 提案人不是叛变者。提案人发送一个提案出来，叛变者可以宣称收到的是相反的命令。则第三个人(忠诚者)收到两个相反的消息，无法判断谁是叛徒，且无法达成一致。

(2) 提案人是叛变者。提案人发送两个相反的提案给另外两个人，另外两个人都收到两个相反的消息，无法判断谁是叛徒，且无法达成一致。

更一般的是，当提案人不是叛变者时，提案人提出提案信息 1，对于合作者来说，系统中会有 N−F 份确定的信息 1 和 F 份不确定的信息(可能为 0 或 1，假设叛变者会尽量干扰一致的达成)。此时，在 N−F > F，即 N > 2F 的情况下才能达成一致。

当提案人是叛变者时，会尽量发送相反的提案给 N−F 个合作者。在合作者看来，系统中会存在(N−F)/2 个信息 1 以及(N−F)/2 个信息 0；另外存在 F−1 个不确定的消息。合作者想要达成一致，必须进一步对所获得的消息进行判定，询问其他人某个被怀疑对象的消息值，并取多数来作为被怀疑者的信息值。这个过程可以进一步递归下去。

Leslie Lamport 等人在论文《Reaching agreement in the presence of faults》中证明，当叛变者不超过 1/3 时，存在有效的拜占庭容错算法。反之，如果叛变者过多，超过 1/3，则无法保证一定能达到一致结果。

2) PBFT 算法的基本过程

1999 年，Castro 和 Liskov 提出的 PBFT(Practical Byzantine Fault Tolerance，实用拜占庭容错)是第一个得到广泛应用的 BFT 算法。在 PBFT 算法中，如果超过三分之二的节点正常，整个系统就可以正常工作。PBFT 算法采用密码学相关技术(RSA 签名算法、消息验证编码和摘要)确保消息传递过程中算法无法被篡改和破坏。

PBFT 算法的基本过程如下：

(1) 首先通过轮换或随机算法选出某个节点为主节点，此后只要主节点不切换，则成为一个视图(view)。

(2) 在某视图中，客户端将请求<Request, operation, timestamp, client>发送给主节点，主节点负责广播请求到所有其他副本节点。

(3) 所有节点处理完请求，将处理结果<Reply, view, timestamp, client, id_node, response>返回给客户端。客户端检查是否收到了至少 F+1 个来自不同节点的相同结果，并将其作为最终结果。

3) 主节点的广播过程

主节点的广播过程包括预准备(pre-prepare)阶段、准备(prepare)和提交(commit)阶段三个阶段的处理。预准备和准备阶段确保在同一视图内请求的发送顺序是正确的；准备和提交阶段则确保在不同视图之间的确认请求是保序的。

(1) 预准备阶段。主节点为从客户端收到的请求分配提案编号，然后发出预准备消息。<<pre-prepare，view，n，digest>，message>给各副本节点，其中 message 是客户端的请求消息，digest 是消息的摘要。

(2) 准备阶段。副本节点收到预准备消息后，检查消息是否合法；如检查通过则向其他节点发送准备消息<<prepare，view，n.digest，id>>，并带上自己的 id 信息，同时接收来自其他节点的准备信息；收到准备消息的节点对消息同样进行消息合法性检查，验证通过后，则把这个准备消息写入消息日志中；集齐至少 2F+1 个验证过的消息才进入准备状态。

(3) 提交阶段。广播 commit 消息，告诉其他节点某个提案 n 在视图 v 中已经处于准备状态。如果集齐至少 2F+1 个验证通过的 commit 消息，则说明提案通过。

在区块链网络中，节点为了让自己的账本与其他节点账本保持一致，需要共识机制，但与上述共识算法存在不同点。例如通过设立与区块链代币相关的机制，采用经济上的惩罚来制约破坏者；放宽对最终一致性确认的需求，链可以出现短暂分叉并最终按已知最长的链进行扩展；通过增加提案成本来限制一段时间内整个网络中出现的提案个数。

3. 常见的共识算法

目前在区块链中，常见的共识算法有如下几种：

1) POW

工作量证明(Proof Of Work，POW)是第一个成功的去中心化区块链共识算法。工作量证明被比特币和其他的一些加密货币使用，例如比特币和以太坊(以太坊计划迁移到权益证明机制)。

工作量证明要求节点参与者执行计算密集型的任务，这一点对于其他网络参与者来说易于验证。在比特币的例子中，矿工竞相向由整个网络维护的区块链账本中添加所收集到的交易，即区块。为了做到这一点，矿工必须第一个准确计算出"nonce"。这是一个添加在字符串末尾的数字，用来创建一个满足开头特定个数为零的哈希值。

工作量证明最显著的优点是，它在过去的几年里得到了实践的证明，这个比许多其他共识算法都更值得一提。然而，工作量证明并不是没有缺点，它的缺点为采矿的大量电力消耗和低交易吞吐量。

2) POS

对于权益证明(Proof Of State，POS)，有很多实施提议。在所有的实施方案中，权益证明均要求所有的参与者抵押一部分他们所拥有的代币来验证交易。不同于通过完成复杂计算问题来验证交易，验证者需要通过锁定代币来完成交易验证。POS 机制类似于现实生活中的股东机制，拥有股份越多的人越容易获取记账权，同时越倾向于维护网络的正常工作，否则他们手中的'代币'将失去应有的价值。

选取交易验证者的方式通常是根据他们所抵押的代币占整个网络代币的比例、代币抵押时长或者是一些其他的方式，以确保交易验证者的利益和整个网络的长期利益是一致的。例如通过保证金来对赌一个合法的块成为新的区块，收益为抵押资本的利息和交易服务费。提供证明的保障金越多，则获得记账权的概率就越大。合法记账者可以获得收益。

工作量证明通过耗费电力来阻止不良行为，权益证明则通过长期绑定验证者的利益和整个网络的利益来阻止不良行为。因此，权益证明的成功应是众人乐道的。

通过锁定代币,如果验证者存在欺诈性交易,那么他们所抵押的代币也会被削减。与工作量证明一样,权益证明的细节比这里呈现的要丰富得多。

3) DPOS

虽然委托权益证明(Delegated Proof Of State,DPOS)和权益证明名字差不多,但它们的实施细节却有显著的不同。在委托权益证明中,不同于在权益证明中用抵押代币的方式来验证交易,它通过代币的持有者投票产生一组交易验证者(超级节点)。

委托权益证明既是去中心化的,因为网络中的所有参与者都能参与投票;但也是中心化的,因为只有一组交易验证者,这样的好处就是提高了交易和验证的速度。

委托权益证明的实施需要维持良好的信誉、维持持续投票流程以及正常进行验证节点的更换,以保证选取产生的验证者有良好的责任心和诚实感。

委托权益证明的优势在于良好的可扩展性以及快速的交易验证,但是缺点在于部分中心化,并且治理模式还没有在大的区块链项目中被证明是行之有效的。

4) BFT

拜占庭容错机制(Byzantine Fault Tolerance,BFT)本质上是一个高度技术性的算法(像其他共识算法一样)。一般来说,加密货币项目所采用的拜占庭容错机制是通过允许将军(节点)分别管理一条链,并在彼此之间以共享消息的方式来确保正确的交易记录和每个节点的诚实性的。

在应用上,比较为人熟知的是,拜占庭容错机制被用于瑞波(验证节点由瑞波团队选出)和恒星币(任何人都可以当验证节点,信任节点由社区共识产生)。

拜占庭容错机制的优势在于其所具有的可扩展性和低廉的转账费用,但是它和委托权益证明一样,引入了部分中心化。

每个共识机制都有其独特的优点和权衡,在选择时应当理性权衡。值得注意的是,这是一个不断发展的领域,也存在许多其他方法,并且可能会出现新的方法。

1.2 区块链技术平台

本节将围绕当前区块链的主流平台展开分析,对比特币、以太坊、EOS、超级账本进行简单的介绍和对比。

1.2.1 比特币

比特币(Bitcoin)是第一个区块链应用,是一种 P2P 形式的数字货币,采用点对点的传输方式,是一个去中心化的支付系统。比特币使用工作量证明机制(POW)来达成网络间节点的共识。比特币是一个公有链,任何节点都可以加入,没有访问方面的权限;不支持智能合约,但是支持一些有局限性(没有循环语句和条件控制语句)的编程脚本语言来运作简单的脚本程序。

比特币经济是指通过使用整个 P2P 网络中众多节点构成的分布式数据库来确认并记录所有的交易行为,并使用密码学的设计来确保货币流通中各个环节的安全性。这一概念为后续出现的区块链货币所沿用,记录交易行为的分布式数据库被称为"账本"。结合对先前区块链层次模型的介绍，我们不难理解区块链数据结构对于交易数据起到的保护作用。比特币账本样例参见图 1-5，其原理和运行机制在 1.3 小节会进行详细介绍。

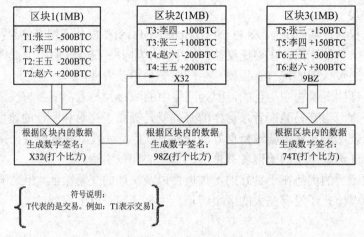

图 1-5　比特币"账本"

1.2.2　以太坊

如果说比特币网络事实上是分布式的数据库，那么以太坊可以看成是分布式的计算机。把区块链看做是计算机的 ROM(内存)，把 Solidity(一种编程语言)合约看作计算机程序，以太坊的矿工们就是计算机的 CPU。

以太坊(Ethereum)是一个开源的有智能合约功能的公共区块链平台，通过其专用加密货币——以太币(Ether)——提供去中心化的虚拟机(即以太虚拟机，Ethereum Virtual Machine)，以处理点对点合约。以太坊简要来说就是区块链技术与智能合约的结合产物。

那什么是智能合约？从本质上讲，智能合约并不"智能"，甚至也不是"合约"，而是运行在区块链上的一段代码。这段代码会遵守预先定义的规则，根据接收到的信息作出正确性的响应。它是运行在可复制的、共享的账本上的计算机程序，可以处理信息，接收、存储和发送区块链代币——以太币。如果说区块链是不可篡改的数据库，那么智能合约就是运行在区块链上的不可篡改的程序。在数据结构层面中，智能合约的代码会被编译成底层的字节码，然后被部署在区块链上，并获得一个地址。当一个交易发送到该地址时，区块链网络中的每一个节点都会在各自的虚拟机中运行脚本代码，交易附带的数据会被视为对应参数传递给智能合约。

同时，以太坊还是一个图灵完备的、支持一站式开发的区块链平台，可以采用多种编程语言来实现协议，采用 Go 语言作为编程语言所编写的客户端是默认客户端。以太坊平台应用的核心是智能合约。合约在以太坊系统中扮演自动代理人的角色，它拥有自己的以太币地址，当用户向合约地址里发送一笔交易后，这个合约就会被激活，根据交易中附加的额外信息，运行自身已有的代码，最后返回结果(结果可能是从合约地址发出的另一笔交易)。也就是说，如果有一笔交易发送给合约地址时，需要关注这些信息，因为合约将根据信息内容来完成业务逻辑。以太坊中的交易不只是发送要交易的以太币，它还可以附加其他额外信息。

在以太坊中，每个账户都有一个 Key-Value 形式的持久化存储数据结构 Storage。智能合约需要通过 Storage 存储状态变量的值，而用户通过 Storage 存储以太坊代币储值。以太坊中所有用户的 Storage 所构成的集合被称为 State(状态)，通过某种方式记录在区块中。每次交易后 State 会发生改变。如在图 1-6 中，账户 0x892bf92f 是一个合约账号(与被称为'外部账号'的普通用户相对应)。它本身可以存储代币值，其自定义的合约代码的功能是根据交易参数 tx.data[0]的值，修改状态变量数组中对应序号的元素值为 tx.data[1](前提是原有的元素值为空)。

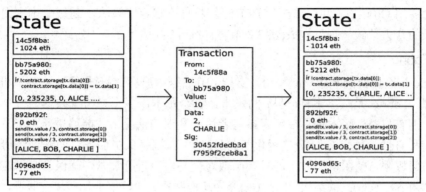

图 1-6　以太坊与智能合约

各种各样的 DAPP 应用均是基于智能合约搭建的，当然还要配合界面功能和一些其他支持。

1.2.3　EOS

EOS(Enterprise Operation System，企业操作系统)是商用分布式应用设计的一款区块链操作系统，具有超高性能。它的设计目标是支持大量用户(可能是上亿级别的)、超高性能(支持百万级 TPS)、消除手续费、具备横向和纵向性能扩展能力。

EOS 区块链操作系统具备强大的性能，能够同时运作多个应用程序。EOS 底层平台对开发者友好，设计了一个类似 Facebook 公司的现代网站开发结构，大大降低了区块链应用程序的开发难度。

EOS 就像有一组有人和机器人的脚本，他们之间不断交换着信息。每个用户和机器人在系统中都拥有自己的地址，当交易信息被发送后，不一定能够保证接收成功。如果交易信息被成功接收，就意味着接收方能够根据智能合约触发相应的操作。同时，EOS 系统中的接收方和被抄送方可以拒收交易信息，此时交易信息传送失败。EOS 区块链是一个透明的系统，并且可以永久记录消息，它记录着 EOS 系统内部所有传递成功的消息。

EOS 上的应用程序不需要用户为区块链上的操作支付费用。像传统的基于 Web 的应用程序一样，EOS 应用程序也为开发人员提供了程序运行需要的资源。这意味着我们可以创建免费的区块链应用程序，新用户无需经历繁琐的电子货币购买流程，就可用直接使用区块链上的应用程序以及直接在区块链上构建应用程序。与之前底层区块链平台技术相比，EOS 使大规模分布式应用程序相互通信得以实现。

1.2.4　区块链商用平台——超级账本

2015 年 12 月，由 Linux 基金会牵头，IBM、Intel、Cisco 等共同宣布了 Hyperledger

联合项目成立，Hyperledger Fabric 也是该联盟同时推出的第一个孵化中的项目。

超级账本项目为透明、公开、去中心化的企业级分布式账本技术提供了开源参考实现。它首次将区块链技术引入到分布式联盟账本的应用场景中，为未来基于区块链技术打造高效率的商业网络打下基础。

超级账本旨在使用区块链技术帮助政府、公司、企业联盟之间减少工作花费，提高运作效率，所以超级账本是一个联盟链，服务于联盟体。

平台使用 Go 语言，共识算法为 BPFT 算法(拜占庭容错算法)。超级账本由面向不同目的和场景的八大顶级子项目构成(在 3.3 节将详细介绍)：

1. Fabric

Fabric 是区块链的基础核心平台，支持 PBFT(拜占庭容错算法)等新的共识机制，支持权限管理。Fabric 是数字事件(交易)的账本，这个账本由多个参与者共享，每个参与者都在系统中拥有权益。账本只有在所有参与者达成共识的情况下才能够更新。交易可以具有保密性和私有性。每个参与者(需提供身份证明)可在网络成员服务页面进行注册，以获取系统的访问权限，使用密钥导出的复杂函数对交易内容进行加密，确保只有指定的参与者才能看到内容。Fabric 的结构(见图 1-7)分为身份服务、策略服务、区块链服务、智能合约服务四种。身份服务负责管理用户标识、隐私。策略服务负责管理网络的保密性。在无权限的区块链中参与者不需要授权，所有节点可以平等地提交交易；在有权限的区块链中，参与者需要注册以获取长期身份凭据，并且可以根据身份类型进行区分。区块链服务负责管理分布式账本，并决定区块链底层采用的 P2P 协议与节点共识机制。智能合约服务为验证节点提供一个安全的轻量级沙盒，是促使各验证节点就合约执行结果达成共识的关键所在。

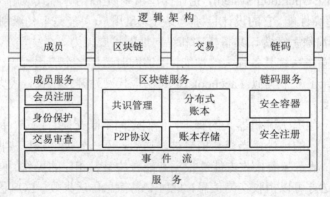

图 1-7　Fabric 的结构示意图

2. Sawtooth

Sawtooth 是 Intel 主要发起和贡献的区块链平台，支持全新的基于硬件芯片的共识机制 Proof Of Elapsed Time(POET)，时间消逝量。

3. Iroha

Iroha 是账本平台项目，基于 C++ 实现，带有面向 Web 和 Mobile 的特性。

4. Blockchain Explorer

Blockchain Explorer 提供 Web 操作界面，可以查询绑定区块链的状态(如区块个数、交易历史)信息等。

5. Cello

Cello 可提供区块链平台的部署和运行时管理功能,应用开发者无需关心如何搭建和维护区块链。

6. Indy

Indy 可提供基于分布式账本技术的数字身份管理机制。

7. Composer

Composer 可提供面向链码开发的高级语言支持,并可自动生成链码等。

8. Burrow

Burrow 可提供以太坊虚拟机的支持,实现支持高效交易的带权限的区块链平台。

Fabric 是最早加入到超级账本项目中的顶级项目,面向企业的分布式账本平台,引入了权限管理、支持可插拔、可扩展等特性;由 IBM、DIH 等企业于 2015 年底提交到社区,是首个面向联盟链场景的开源项目。本书第 3 章会对超级账本做详细介绍。

表 1-1 中列出了以上几个平台所使用的共识机制、区块链类型、开发语言、是否支持智能合约和每秒事务处理量(TPS)等性能指标,以便读者更加直观地对各平台进行对比。

表 1-1 区块链平台比较

平台	共识机制	类型	语言	智能合约	TPS
比特币	POW	Public	C++	N/A	<7
以太坊	POW&POS	Public	Go	Yes	约 100
EOS	DPOS	Public	C++	Yes	百万
超级账本	PBFT	Consortium	Go	Yes	约 3000

从表 1-1 可以看出,当前区块链平台所使用的共识算法各有优缺点。所以对于不同的应用场景,选择合适的区块链平台是非常重要的。

1.3 比特币的机制详解

本质上,比特币就是一份数字文件,里面存储着每个账户的转账记录和金额。它就像是一个公共记账本,副本被保存在比特币网络的每一个节点上。随着比特币的应用范畴越来越广,开发者们也提出了相应的机制,以满足用户需求。理解比特币现有的各类机制,不仅可以帮助我们了解比特币的运作机理,同时也能为区块链应用开发者带来启发。

1.3.1 工作量证明——挖矿

在比特币网络这个去中心化的电子记账系统中,当 A 发送 10 个比特币给 B 时,A 需要把这个信息广播给网络中的其他人。同理,B 发送 5 个比特币给 C,C 也需要把这个消息广播给网络中的所有人。该广播记账过程如图 1-8 所示。

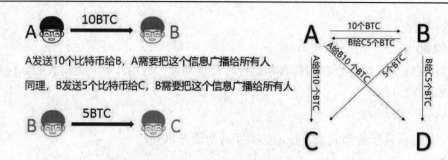

图 1-8　简化版比特币记账演示

网络中的其他人不断记录着账单，把交易记录打包成区块。一个区块的大小约为1MB，一个块中约存储了 4000 条交易记录，打包完成后会把该块链接到区块链的最后一个块后面。

那么，普通人或者电脑为什么要记账？为什么要在自己的电脑上记录和自己无关的信息？

这是因为记账是有奖励的。第一，在 A 转账给 B 的过程中，必须要附带手续费，这个手续费会转给最终记账的人。第二，记账有打包奖励。将一些交易记录打包成一个区块并放上链的这个过程是会有打包奖励的，所以大家都争相打包。但最终也只有一个人可以成功打包，这就需要工作量证明，即"挖矿"的过程。

挖矿中我们需要用到哈希函数。哈希函数就是把任意长度的输入通过散列算法变成一个256 位固定长度的二进制数。哈希计算的过程通常具有强烈的不可逆性，反过来推算出输入内容基本是不可能的。

比特币挖矿通常使用 SHA256 哈希函数。SHA 是安全散列算法(Secure Hash Algorithm)的缩写，是一个密码散列函数家族。这一组函数由美国国家安全局(National Security Agency，NSA)设计，美国国家标准与技术研究院(National Institute of Stadndards and Technology，NIST) 发布，主要适用于数字签名标准。SHA256 就是这个函数家族中的一个，是输出值为 256 位的哈希算法。到目前为止，还没有出现对 SHA256 算法的有效攻击。

在这里，具体的运算是对输入的值进行两次哈希运算。输入的值是一个字符串，字符串中包括前一个区块的头、账单信息、时间戳、随机数等，即 Hash = SHA256(SHA256(字符串))。对于最终得到的二进制数，通常要求是前 n 位是 0，算对了才能有资格打包上链。这个过程是非常艰难的，要不断地改变随机数，直到得到前 n 位 0 为止。

1.3.2　身份认证

传统的身份认证方法包括人脸识别、手写签字、指纹识别等，但是由于它们都可以被电子拷贝，因此这些方法在电子支付中都不现实。

传统身份认证方法中的账户地址和密码的对应关系是依靠数据库中存储的表格来实现的。账户由第三方提供，密码则由用户自己设置，并没有数学上的关系。

然而，区块链系统中并没有中心化的机构存在。比特币是去中心化的系统，没有实体机构能够给用户颁发账号，让用户设置密码。那么，在比特币系统中，应该采用什么样的方法去认证身份呢？

比特币系统中采用的是电子签名的方法，其中用到了非对称加密算法。

　　比特币用户在注册时，系统会随机生成一个随机数，随机数会生成一个私钥。私钥是保密的，只有本人知道。由私钥生成公钥，由公钥生成地址，公钥和地址都是公开的。私钥可以推出公钥，公钥不可以推出私钥。私钥可以对字符串进行加密，公钥可以对其进行解密，这就是非对称加密。第 2 章会详细介绍非对称加密的相关内容。

　　举个例子，A 要转账 10 个比特币给 B，那么 A 首先需要将这个记录进行哈希运算得到摘要，再对摘要用私钥进行加密得到密码，并将 A 转账 10 个比特币给 B 的这个记录、公钥和密码广播给比特币网络中的其他人；其他人对记录进行哈希运算得到摘要 1，再用公钥解密密码得到摘要 2；对比摘要 1 和摘要 2，若相同，则确定是 A 广播的。以上就是防伪的过程，即电子签名技术，如图 1-9 所示。

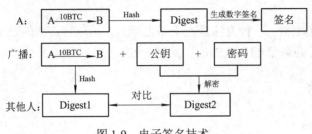

图 1-9　电子签名技术

1.3.3　双重支付问题

1. 余额检查——追溯与记录

　　比特币网络中，链是由一个个区块组成的，每一个块上都有交易记录，并且是公开透明的，每一个用户都能看到，若 A 要转账 10 个比特币给 B，就要广播，那么网络中的其他人就会不断往前追溯块中的记录，来检查 A 用户是否有那么多的比特币可被用来转账，若计算余额足够就会将该交易记录下来，如果计算的金额不足，那么就拒绝接收该交易消息。

2. 次序检查——分歧与一致

　　假设 A 本身账户只有 18 个比特币，却同时分别发送 10 个比特币给 B 和 C 时，由于有一次的交易金额不足，因此在比特币网络中，有一部分用户只接收与 B 的交易记录，有一部分用户只接收与 C 的交易记录。当其中有一个人挖矿成功，把他打包的交易记录链接到区块链中去，那么这个人所记录的 A 的记录就成为“官方”的了，其他记录错了的用户会自动站队过去。

　　另外，每个区块都有时间戳，所有的交易是有先后顺序的。前一笔交易成功后，下一笔交易是基于上一笔交易来生成的，因此整个交易是一个交易链，这样才能保证不被双重支付。

　　转账后，必须要等到记录被打包到链上后，才能确认交易成功。

　　区块链技术的账本特性保证了攻击者无法通过常规手段达成非法的交易操作，但这并不意味着目前的区块链技术已经能够完全抵御双重支付攻击。利用 51%攻击(指一个恶意攻击者控制了整个比特币网络 51%的算力，将在后续被提及)和区块链分叉的特性，攻击者可以不承认最近的某个交易，并在这个交易之前重构新的块，从而生成新的分叉与新的交易。如果算力充足，一个攻击者可以一次性篡改最近的 6 个或者更多的区块，从而使得这些区块包含的本应无法篡改的交易消失。

值得注意的是，双重支付只能在攻击者拥有的钱包所发生的交易上进行，因为只有钱包的拥有者才能生成一个合法的签名。但只有当这笔交易对应的是不可逆转的购买行为时，这种攻击才有利可图。

举个例子，攻击者马洛里在 Carol 的画廊买了三幅画，马洛里转账比特币给 Carol，进而完成了一笔交易。Carol 确认交易登记在链上后，就把画交给马洛里。此时马洛里的一个同伙 Paul 开始了 51%攻击，首先 Paul 利用自己矿池的算力重新计算包含这笔交易的块，并且在新块里将原来的交易替换成了另一笔交易(比如直接转给了马洛里的另一个钱包，而非 Carol 的钱包)；然后 Paul 在伪造块的基础上又快速计算出新的块，加高分叉链高度，使得这个包含替换交易的分叉区块链替代了原来的链条，而 Carol 从合法交易中获得的比特币将不再存在。

为了避免这类攻击，一种方法是在交易上链后，额外等待新的若干个区块出块后再正式交付。这种方法可降低 51%攻击成功的可能性。

1.3.4　防止篡改

1. 最长链原则

由于哈希值的产生是随机的，再加上网络的延迟，所以旷工在挖矿时，可能存在两个矿工同时挖出区块的可能，这时候区块链就会分叉。此时可以等待下一个块的出现，看下一个块首先出现在哪一个分叉上，出现在哪条链上，哪条链就更长一点，哪条链就是主链，同时另一条就被舍弃，这就是"最长链原则"。

其实在比特币主链上也存在着分支，但这些分支被当做备用链。如果新区块使备用链拥有更多的工作量，那么这条备用链将被作为新的主链。

2. 防篡改

区块链的防篡改是由以下三点来保证的：

一是分布式账本技术。区块链创建了一个多点分布、数据一致的分布式记账技术。一个黑客组织可能黑掉一个银行的数据库，往自己的账号加钱，但面对比特币这种有数千万节点的分布式网络，必须要在短时间内黑掉一半以上(51%)的节点，才能更改数据。这技术难度太大了，几乎不可能实现。

二是巨大的计算力成本。要更改数据，就要更改一整个区块，即比特币中的挖矿(做一个单向的哈希算法)。这需要付出巨大的算力成本，个人或组织要具备这种算力是不太现实的。

三是密码学的应用。区块链采用了大量的密码学技术，如非对称算法、椭圆曲线、RSA等。非对称算法背后有强大的数学模型做支撑，现有的计算机技术还很难突破底层的数学难题。并且区块链是一层一层叠加的区块，要更改某个区块，必须从头开始更改所有区块。改一个区块的算力成本都非常大，可想而知要更改这么多区块的难度有多大。

区块链技术所维护的'账本'本身并没有自我校验的能力，而需要依靠参与共识过程的各用户节点共同维护其正确性。为阻止攻击者篡改账本的意图，提高攻击成本几乎是唯一的办法。为了鼓励表现诚信的用户参与区块链账本的维护，可在共识机制中加入对诚信行为的奖励机制，即通过经济博弈来让合作者得到利益，让非合作者遭受损失和风险。

1.3.5 闪电网络

比特币交易网络最为人诟病的一点便是交易性能——全网络每秒 7 笔左右的交易速度，远低于传统的金融交易速度；同时等待 6 个块的可行确认(为了抵御之前所提及的双重支付攻击)，将导致约一个小时的最终确认时间。

为了提升性能，比特币社区提出了闪电网络等创新的设计。

闪电网络的主要思路十分简单——将大量交易放到比特币区块链之外进行，只把关键环节放到链上进行确认。比特币的区块链机制自身已经提供了很好的可信保障，但相对较慢；另一方面，对于大量的小额交易来说，是否真的需要这么高的可信性？

闪电网络主要通过引入智能合约的思想来完善链下的交易渠道。核心的概念主要有两个：RSMC(Recoverable Sequence Maturity Contract，序列到期可撤销合约)和 HTLC(Hashed TimeLock Contract，哈希时间锁定合约)。前者解决了链下交易的确认问题。后者解决了支付通道的问题。下面将介绍这两个概念。

1. RSMC

RSMC 定义了该双向微支付通道的最基本工作方式。

微支付通道中沉淀了一部分资金，通道也记录有双方对资金的分配方案。通道刚设立时，初值可能是{爱丽丝：0.4，鲍勃：0.6}，意味着打入通道的资金共有 1.0 BTC，其中爱丽丝拥有 0.4 BTC，鲍勃拥有 0.6 BTC。通道的设立会记录在比特币区块链上。

假设稍后鲍勃决定向爱丽丝支付 0.1 BTC，双方在链下对最新余额分配方案{爱丽丝：0.5，鲍勃：0.5} 签字认可，并签字同意作废前一版本的余额分配方案{爱丽丝：0.4，鲍勃：0.6}，爱丽丝就实际获得了 0.5 BTC 的控制权。

如果爱丽丝暂时不需要将通道中现在属于她的 0.5 BTC 用作支付，就无需及时更新区块链上记录的通道余额分配方案，因为很可能一分钟后爱丽丝又需要反过来向鲍勃支付 0.1 BTC。此时他们仍然只需在链下对新的余额分配方案达成一致，并设法作废前一版本的余额分配方案就行了。

如果爱丽丝打算终止通道并动用她的那份资金，她可以向区块链出示双方签字的余额分配方案。如果一段时间之内鲍勃不提出异议，区块链会终止通道并将资金按协议转入各自预先设立的提现地址。如果鲍勃能在这段时间内提交证据证明爱丽丝企图使用的是一个双方已同意作废的余额分配方案，则爱丽丝的资金将被罚没并给到鲍勃。

实际上，前面所说的"作废前一版本的余额分配"，正是通过构建适当的"举证"证据并结合罚没机制实现的。

同时，RSMC 对主动终止通道方给予了一定的惩罚：主动提出方的资金到账将比对方晚，因此谁发起谁吃亏，这个设计主要是为了给另一方充足的时间举证主动提出方存在违规行为，同时鼓励双方尽可能久地利用通道进行交易。通道余额分配方案的本质是结算准备金。在此安排下，因为要完全控制资金交收风险，所以每笔交易都不能突破当前结算准备金的限制。

为了更好地解释该概念，下文将根据实例流程图，针对不同的交易状况进行讲解。

1) 单方面终止通道

如图 1-10 所示，深灰色的交易都是交易者 A 持有的合约，反之亦然；流程图的箭头代表资金的走向以及合约的签名状况，经过两者签名的合约才算正式生效；圆圈(o)表示该签名已被签署于合约中，加粗的流程箭头和对勾(✓)代表示例中签署的合约以及对应的签名执行者；符号"X"代表两个合约是互斥的，只能执行其中的一个。图中，交易者 A 签署 C1a 合约单方面终止通道，交易者 B 将立刻获得当前资金分配方案中自己的部分，而交易者 A 需要等待若干个出块确认后才能获得自己应有的资金。

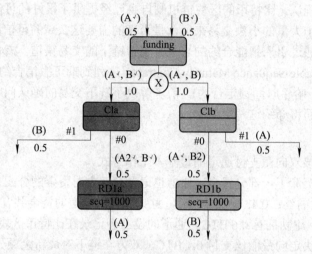

图 1-10　RSMC 示例—单方面终止通道

2) 旧版本废止与违约惩罚

如图 1-11 所示，在更新资金分配方案的同时双方必须要签署旧版本作废合约。例如对于 BR1a 合约，双方均已签名，只要作为父合约的 C1a 被执行，它也便可被执行。一旦交易者 A 妄图执行已作废的 C1a 合约，那么作为反击，交易者 B 可以执行 BR1a 合约，获得

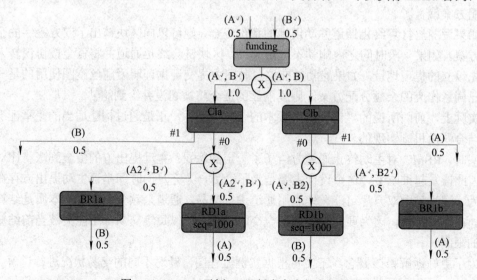

图 1-11　RSMC 示例——旧版本废止与合约惩罚

交易者 A 的 0.5 比特币资产；此时 RD1a 合约执行失败，表现不诚信的交易者 A 失去了所有存储在通道内的金额。

2. HTLC

RSMC 通道提供的是一种局限于链下双方快速、高频、可信的安全交易方案，但是为需要进行交易的每一对用户间都建立这一通道，反而得不偿失。

HTLC 可用于实现由中间人参与的微支付通道。HTLC 理解起来较为简单，即通过智能合约，双方约定接收方提供一个哈希值。如果在一定时间内有人能提出一个字符串，使得它经过哈希计算后的值与已知值匹配，则转账方将这笔钱转给回答正确的人。HTLC 合约具有强行执行的效能，并具有时间限制。

示例步骤如下所示：

(1) 甲方要付 1 个比特币给丁方，丁方将一个随机的哈希值(H)给甲方；

(2) 甲方和乙方签订一个 HTLC，合约内容是：甲方支付乙方 1 个比特币，前置条件为"乙方需要在 48 小时内提供哈希值(H)给甲方，否则交易自动取消"；

(3) 乙方和丙方签订了一个 HTLC，合约内容是：乙方支付丙方 1 个比特币，前置条件为"丙方需要在 28 小时内提供哈希值(H)给乙方，否则交易自动取消"；

(4) 丙方和丁方签订了一个 HTLC，合约内容是：丙方支付丁方 1 个比特币，前置条件为"丁方需要在 8 小时内提供哈希值(H)给丙方，否则交易自动取消"；

(5) 在规定时间内，哈希值(H)由丁方交给丙方，丙方交给乙方，乙方交给甲方，大家依次拿到 1 个比特币，甲丁双方的交易至此完成。

1.4 区块链应用场景

区块链技术发展迅猛，关于区块链的应用不胜枚举，下面从以下几个方面进行简单介绍。

1.4.1 金融服务

自有人类社会以来，金融交易就是必不可少的经济活动，涉及货币、证券、保险、抵押、捐赠等诸多行业。交易角色和交易功能的不同，反映出不同的生产关系。通过金融交易，可以优化社会运转效率，实现资源价值的最大化。可以说，人类社会的文明发展离不开交易形式的演变。

传统交易本质上交换的是物品价值的所属权。为了完成一些贵重商品的交易(例如房屋、车辆的所属权等)，往往需要十分繁琐的中间环节，同时需要中介和担保机构参与其中。这是因为，交易双方往往存在着不能充分互信的情况。一方面，要证实合法的价值所属权并不简单，往往需要开具各种证明材料，这其中难免存在造假的可能；另一方面，价值不能直接进行交换，同样需要繁琐的手续，在这个过程中存在较多的篡改风险。

为了确保金融交易的可靠完成，出现了中介和担保机构这样的经济角色。它们通过提供信任保障服务，提高了社会经济活动的效率。但现有的第三方中介机制往往存在成本高、时间周期长、流程复杂、容易出错等缺点，因此金融领域长期存在提高交易效率的迫切需求。区块链技术可以为金融服务提供有效、可信的所属权证明以及相当可靠的合约确保机制。

1. 银行业金融管理

银行从角色上一般可分为中央银行(央行)和普通银行。

中央银行的两大职能是促进宏观经济稳定和维护金融稳定，主要手段就是管理各种证券和利率。中央银行为整个社会的金融体系提供了最终的信用担保。

普通银行业则往往基于央行的信用，作为中介和担保方，来协助完成多方的金融交易。

银行活动主要包括发行货币、完成存贷款等功能。银行必须确保交易的确定性，必须确立自身的可靠信用地位。传统的金融系统为了完成上述功能，采用了极为复杂的软件和硬件方案，建设和维护成本都十分昂贵。即便如此，这些系统仍然存在诸多缺陷，例如某些场景下交易时延过大；难以避免利用系统漏洞进行的攻击和金融欺诈等。

此外，在目前金融系统流程中，商家为了完成交易，还常常需要经由额外的支付企业进行处理。这些交易过程实际上都极大增加了现有金融交易的成本。

区块链技术的出现，被认为是有可能促使这一行业发生革命性变化的"奇点"。除了众所周知的比特币等数字货币实验之外，还有诸多金融机构进行了有意义的尝试。下面进行简单介绍。

(1) 欧洲央行评估了区块链在证券交易后结算的应用。

目前，全球证券交易后的处理过程十分复杂，清算行为成本约为 50 亿～100 亿美元，交易后分析、对账和处理费用超过 200 亿美元。

来自欧洲央行的一份报告显示，区块链作为分布式账本技术，可以很好地节约对账的成本，同时简化交易过程。相对原先的交易过程，采用区块链技术可以近乎实时地变更证券的所有权。

(2) 中国人民银行也积极投入区块链研究。

中国人民银行积极关注区块链技术的发展。前不久，中国人民银行对外发布消息，称深入研究了数字货币涉及的相关技术，包括区块链技术、移动支付、可信可控云计算、密码算法、安全芯片等。实际上，央行对于区块链技术的研究很早便已开展。

2014 年，央行成立发行数字货币的专门研究小组，对基于区块链的数字货币进行研究，次年形成研究报告。

2016 年 1 月 20 日，央行专门组织了"数字货币研讨会"，邀请业内区块链技术专家就数字货币发行的总体框架、演进以及国家加密货币等话题进行了研讨。会后，央行发布了对我国银行业数字货币的战略性发展思路，提出要早日发行数字货币，并利用数字货币相关技术来打击金融犯罪活动。

2016 年 12 月，央行成立数字货币研究所，初步公开设计为由央行主导，在保持实物现金发行的同时发行以加密算法为基础的数字货币，M0(流通中的现金)的一部分由数字货币构成。为充分保障数字货币的安全性，发行者可采用安全芯片为载体来保护密钥和算法运算过程的安全性。

(3) 加拿大银行推出新的数字货币。

2016 年 6 月，加拿大央行宣称正在开发基于区块链技术的数字版加拿大元(名称为 CAD 币)，以允许用户使用加元来兑换该数字货币。同时，银行将保留销毁 CAD 币的权利。

发行 CAD 币是更大的一个探索型科技项目 Jasper 的一部分。除了加拿大央行外，蒙特利尔银行、加拿大帝国商业银行、加拿大皇家银行、加拿大丰业银行、多伦多道明银行等多家机构也都参与了该项目。

(4) 英国央行实现 RSCoin(数字化货币系统)。

英国央行在数字化货币方面的进展十分突出，已经实现了基于分布式账本平台的数字化货币系统——RSCoin，旨在强化本国经济及国际贸易。

RSCoin 的目标是提供一个由中央银行控制的数字货币。该货币采用双层链架构、改进版的两阶段提交(Two Phase Commitment，2PC)方式以及多链之间的交叉验证机制，具备防篡改和伪造的特性。

该系统主要在央行和下属银行之间使用，通过提前建立一定的信任基础，可以提供较好的处理性能。

英国央行对 RSCoin 进行了推广，希望能尽快普及该数字货币，以带来节约经济成本、促进经济发展的效果。同时，英国央行认为，数字货币比传统货币更适合国际贸易等场景。

(5) 日本政府取消比特币消费税。

2017 年 3 月 27 日，日本国会通过《2017 税务改革法案》，该法案将比特币等数字货币定义为货币等价物，可以用于数字支付和转账。该法案于 2017 年 7 月 1 日生效，销售数字货币不必再缴纳 8%的消费税。

(6) 中国邮政储蓄银行将区块链技术应用到核心业务系统中。

2016 年 10 月，中国邮储银行宣布携手 IBM 推出基于区块链技术的资产托管系统。这是中国银行业首次将区块链技术成功应用于核心业务系统的实用案例。

新的业务系统免去了重复的信用校验过程，将原有业务环节缩短了约 60%~80%的时间，提高了信用交易的效率。

2．证券交易

证券交易包括交易执行环节和交易后处理环节。

交易环节本身相对简单，主要由交易系统(高性能实时处理系统)完成电子数据库中内容的变更。中心化的验证系统往往极为复杂和昂贵，交易指令执行后的结算和清算环节也十分复杂，需要大量的人力成本和时间成本，并且容易出错。

目前来看，基于区块链的处理系统还难以实现海量交易系统所需的性能(典型性能为每秒成交 1 万笔以上，日处理能力超过 5000 万笔委托、3000 万笔成交)。但在交易的审核和清算环节，区块链技术存在诸多的优势，可以极大降低处理时间，同时减少人工的参与。

咨询公司 Oliver Wyman 在给 SWIFT(Society for Worldwide Interbank Financial Telecommunication，环球同业银行金融电信协会)提供的研究报告中预计，全球清算行为成本约为 50 亿~100 亿美元，结算成本、托管成本和担保物管理成本约为 400 亿~450 亿美元(其中 390 亿美元为托管链的市场主体成本)，而交易后流程数据及分析花费约为 200 亿~

250 亿美元。

2015 年 10 月，美国纳斯达克(Nasdaq)证券交易所推出区块链平台 Nasdaq Linq，实现主要面向一级市场的股票交易流程。通过该平台进行股票发行的发行者将享有"数字化"的所有权。

关于区块链技术在证券交易领域的其他相关案例描述如下：

(1) BitShare 推出基于区块链的证券发行平台，号称每秒达到 10 万笔交易。

(2) DAH 为金融市场交易提供基于区块链的交易系统，获得澳洲证交所项目。

(3) Symbiont 帮助金融企业创建存储于区块链的智能债券，当条件符合时，清算立即执行。

(4) Overstock.com 推出基于区块链的私有和公开股权交易"T0"平台，提出"交易即结算"(The trade is the settlement)的理念，主要目标是建立证券交易实时清算结算的全新系统。

(5) 高盛为一种叫做"SETLcoin"的新虚拟货币申请专利，用于为股票和债券等资产交易提供"近乎立即执行和结算"的服务。

3．众筹投资

作为去中心化的众筹管理的代表，DAO (Decentralized Autonomous Organization，去中心化自治组织)曾创下历史最高的融资记录，数额超过 1.6 亿美元。

值得一提的是，DAO 的组织形式十分创新，这也造成其在受到攻击后缺乏应对经验。项目于 2016 年 4 月 30 日开始正式上线。6 月 12 日，有技术人员报告合约执行过程中存在软件漏洞，但很遗憾并未得到组织的重视和及时修复。四天后，黑客利用漏洞转移了 360 万枚以太币，当时价值超过 5000 万美元。

虽然，最后相关组织采用了一些技术手段来挽回损失，但该事件毫无疑问给以太币带来了负面影响，也给新兴技术在新模式下的业务流程管理敲响了警钟。

除了 DAO 这种创新组织形式之外，传统风投基金也开始尝试用区块链募集资金。Blockchain Capital 在 2017 年发行的一支基金创新地采用了传统方式加 ICO (Initial Coin Offering，首次代币发行)方式进行募资，其中传统部分规模为 4000 万美元，ICO 部分规模为 1000 万美元。4 月 10 日，ICO 部分 1000 万美元的募集目标在启动后六小时内全部完成。

用 ICO 方式进行众筹可以降低普通投资者对早期项目的参与门槛，并提高项目资产流动性。目前对 ICO 的众筹模式缺少明确的法律法规，对项目的商业模式也很难按照传统方法进行估值与代币定价。但随着项目发起人开始重视对底层技术、资金使用和项目发展的信息披露，大众投资者开始加深理解区块链技术及其可行的应用场景，这必将有助于促进这种新兴模式的健康发展。

1.4.2　征信和权属管理

1．征信管理

征信管理是一个巨大的潜在市场，据称超过千亿元规模，也是目前大数据应用领域最有前途的方向之一。目前，与征信相关的大量有效数据集中在少数机构手中。由于这些数据太过敏感，并且具备极高的商业价值，因此往往会被严密保护起来，形成很高的行业门槛。

虽然现在大量的互联网企业(包括各类社交网站)尝试从各种维度获取海量的用户信息，但从征信角度看，这些数据仍然存在若干问题，主要包括以下三个方面：

(1) 时效性不足。企业可以从明面上获取到的用户数据往往是过时的，甚至存在虚假信息，对相关分析的可信度造成严重干扰。

(2) 数据不足。数据量越多，能获得的价值自然越高；数据量过少，则无法产生有效价值。而现在企业能获得的数据量往往十分有限，影响分析结果。

(3) 相关度较差。最核心的数据也往往是最敏感的。在隐私高度敏感的今天，用户都不希望暴露过多数据给第三方，因此企业获取的数据中有效成分往往很少。

区块链天然存在着无法篡改、不可抵赖的特性。同时，区块链平台将可能提供前所未有规模的相关性极高的数据，这些数据可以在时空中准确定位，并严格关联到用户。因此，对基于区块链的数据提供进行征信管理，将大大提高信用评估的准确率，同时降低评估成本。

另外，跟传统依靠人工的审核过程不同，区块链中的交易处理完全遵循约定地自动化执行。基于区块链的信用机制将天然具备稳定性和中立性。

目前，包括 IDG、腾讯、安永、普华永道等都已投资或进入基于区块链的征信管理领域，特别是进入跟保险和互助经济相关的应用场景。

2. 权属管理

区块链技术可以用于产权、版权等所有权的管理和追踪，其中包括汽车、房屋、艺术品等各种贵重物品的交易等，也包括数字出版物以及可以标记的数字资源。目前权属管理领域存在的几个难题如下所述：

- 所有权的确认和管理。
- 交易的安全性和可靠性保障。
- 必要的隐私保护机制。

以房屋交易为例，买卖双方往往需要依托中介机构来确保交易的进行，并通过纸质材料证明房屋所有权。但实际上，很多时候中介机构也无法确保交易的正常进行。

而利用区块链技术，物品的所有权是写在数字链上的，谁都无法修改；并且一旦出现合约中的约定情况，区块链技术将确保合同能得到准确执行。这能有效减少传统情况下纠纷仲裁环节的人工干预和执行成本。

例如，公正通(Factom)尝试使用区块链技术来革新商业社会和政府部门的数据管理和数据记录方式，包括审计系统、医疗信息记录、供应链管理、投票系统、财产契据、法律应用、金融系统等。它将待确权数据的指纹存放到基于区块链的分布式账本中，可以提供资产所有权的追踪服务。

区块链账本共享、信息可追踪溯源且不可篡改的特性同样可用于打击造假和防范欺诈。Everledger 自 2016 年起就研究基于区块链技术实现贵重资产检测系统，将钻石或者艺术品等的权属信息记录在区块链上，并于 2017 年宣布与 IBM 合作，实现生产商、加工商、运送方、零售商等多方之间的可信高效协作。

由此，相关专家总结并提出了一个概念——智能资产。区块链技术可用于任何资产的注册、存储和交易，包括金融、经济、货币，有形资产(物理资产)及无形资产(投票、概念、信誉、专利或想法)。这些资产均可通过智能合约转换为智能资产。

在区块链上注册后,资产的所有权可被任何控制私钥的人所控制(这个私钥可被存储在一个与线上环境隔绝的冷钱包中)。所有者能够可转移私钥给另一方来完成资产出售行为,并通过合约代码来遵守现行法律。例如,预先建立的智能合约能够在某个人偿还全部贷款后,自动将车辆所有权从财务公司转让到个人名下。

智能资产的核心思想是控制所有权。对于在区块链上已注册的数字资产,能够通过私钥来随时使用。在某些情况下,现实世界的物理资产可以很容易地通过区块链来控制。例如在租借服务中,区块链技术可以提供一个重塑身份认证和安全进入的方式;用户可以通过实时递交请求至智能合约,再由合约将确认信息发送至物理资产,完成交互过程。

3. 其他项目

在人力资源和教育领域,MIT(Massachusetts Institute of Technology,麻省理工学院)研究员朱莉安娜·纳扎雷(Juliana Nazard)和学术创新部主管菲利普·施密特(Philipp Schmidt)发表了文章《MIT Media Lab Uses the Bitcoin Blockchain for Digital Certificates》,介绍基于区块链的学历认证系统。基于该系统,用人单位可以确认求职者的学历信息是否真实可靠。

此外,还包括一些其他相关的应用项目,如:

- Chronicled：基于区块链的球鞋鉴定方案,为正品球鞋添加电子标签,记录在区块链上。
- Mediachain：通过 metadata 协议,将内容创造者与作品唯一对应。
- Monegraph：通过区块链保障图片版权的透明交易。
- Mycelia：区块链产权保护项目,使音乐人实现音乐的自由交易。
- Tierion：将用户数据锚定在比特币区块链上,并生成"区块链收据"。

下面具体加以介绍。

1) 资源共享

当前,以 Uber、Airbnb 为代表的共享经济模式正在多个垂直领域冲击传统行业,这一模式鼓励人们通过互联网的方式共享闲置资源。资源共享目前面临的问题主要包括如下:

- 共享过程成本过高。
- 用户行为评价难。
- 共享服务管理难。

区块链技术为解决上述问题提供了更多的可能性。相比于依赖于中间方的资源共享模式,基于区块链的模式有潜力更直接地连接资源的供给方和需求方,其透明、不可篡改的特性有助于减小摩擦。

有人认为区块链技术会成为新一代共享经济的基石。笔者认为,区块链在资源共享领域是否存在价值,还要看能否比传统的专业供应者或中间方形式实现更高的效率和更低的成本,同时不能损害用户体验。

2) 短租共享

大量提供短租服务的公司已经开始尝试用区块链来解决共享中的难题。高盛在报告《Blockchain: Putting Theory into Practice》中宣称：Airbnb 等 P2P 住宿平台已经开始通过利用私人住所打造公开市场来变革住宿行业，但是这种服务的接受程度可能会因人们对人身安全以及财产损失的担忧而受到限制。而如果通过引入安全且无法篡改的数字化资质和信用管理系统，我们认为区块链有助于提升 P2P 住宿的接受程度。

该报告还指出，可能采用区块链技术的企业包括 Airbnb、HomeAway 以及 OneFineStay 等，市场规模为 30 亿到 90 亿美元。

3) 社区能源共享

在纽约布鲁克林的一个社区，已有项目尝试将家庭太阳能发的电通过社区的电力网络直接进行买卖。具体的交易不再经过电网公司，而是通过区块链执行。

与之类似，ConsenSys 和微电网开发商 L03 提出共建光伏发电交易网络，实现点对点的能源交易。这些方案的主要难题如下：

- 太阳能电池管理。
- 社区电网构建。
- 电力储备系统搭建。
- 低成本交易系统支持。

现在已经有大量创业团队在解决这些问题，特别是硬件部分已经有了不少解决方案。而通过区块链技术打造的平台可以解决最后一个问题，即低成本地实现社区内的可靠交易系统。

4) 电商平台

传统情况下，电商平台起到中介的作用。一旦买卖双方发生纠纷，电商平台会作为第三方机构进行仲裁。这种模式存在着周期长、缺乏公证、成本高等缺点。OpenBazaar 试图在无中介的情形下，实现安全电商交易。OpenBazaar 提供的分布式电商平台通过多方签名机制和信誉评分机制，让众多参与者合作进行评估，实现零成本解决纠纷问题。

5) 大数据共享

在大数据时代，价值来自于对数据的挖掘，数据维度越多，体积越大，潜在价值也就越高。一直以来，比较让人头疼的问题是如何评估数据的价值，如何利用数据进行交换和交易，以及如何避免宝贵的数据在未经许可的情况下泄露出去。

区块链技术为解决这些问题提供了潜在的可能。利用共同记录的共享账本，数据在多方之间的流动将得到实时的追踪和管理。通过对敏感信息的脱敏处理和访问权限的设定，区块链可以对大数据的共享授权进行精细化管控、规范，促进大数据的交易与流通。

6) 减小共享风险

传统的资源共享平台在遇到经济纠纷时会充当调解和仲裁者的角色。对于区块链共享平台，目前还存在着线下复杂交易难以数字化等问题。除了引入信誉评分、多方评估等机制，也有方案提出引入保险机制来对冲风险。

2016 年 7 月，德勤、Stratumn 和 Lemon Way 共同推出了一个为共享经济场景设计的"微保险"概念平台，称为 LenderBot。针对共享经济活动中临时交换资产可能产生的风险，LenderBot 允许用户在区块链上注册定制的微保险，并为共享的资产(如相机、手机、电脑)投保。区块链在其中扮演了可信第三方和条款执行者的角色。

1.4.3　贸易管理

1. 跨境贸易

在国际贸易活动中，买卖双方可能互不信任。因此需要银行作为买卖双方的保证人，代为收款交单，并以银行信用代替商业信用。

区块链可以为信用证交易参与方提供共同账本，允许银行和其他参与方拥有经过确认的共同交易记录并据此履约，从而降低风险和成本。

例如，英国巴克莱银行用区块链进行国际贸易结算。2016 年 9 月，巴克莱银行用区块链技术完成了一笔国际贸易的结算，贸易金额 10 万美元，出口商品是爱尔兰农场出产的芝士和黄油，进口商是位于离岸群岛塞舌尔的一家贸易商。结算用时不到 4 小时，而采用传统的信用证方式进行此类结算需要 7 到 10 天。

在这笔贸易背后，区块链提供了记账和交易处理系统，替代了传统信用证结算过程中占用大量人力和时间的审单、制单、电报或邮寄等流程。

2. 物流供应链

物流供应链是区块链一个很有前景的应用方向。供应链行业往往涉及诸多实体，包括物流、资金流、信息流等，这些实体之间存在大量复杂的协作和沟通。传统模式下，不同实体各自保存各自的供应链信息，严重缺乏透明度，造成了较高的时间成本和金钱成本；而且一旦出现问题(冒领、货物假冒等)，难以追查和处理。

通过区块链，各方可以获得一个透明可靠的统一信息平台，可以实时查看状态，降低物流成本，追溯物品的整个生产和运送过程，从而提高供应链管理的效率。当发生纠纷时，举证和追查也变得更加清晰和容易。

例如，运送方通过扫描二维码来证明货物到达指定区域，并自动收取提前约定的费用；冷链运输过程中通过温度传感器实时检测货物的温度信息并记录在链等。来自美国加州的 Skuchain 公司创建了基于区块链的新型供应链系统，实现了商品流与资金流的同步，同时一定程度上解决了假货问题。

再如，马士基推出了基于区块链的跨境供应链系统。2017 年 3 月，马士基和 IBM 宣布计划与由货运公司、货运代理商、海运承运商、港口和海关当局构成的物流网络合作构建一个新型全球贸易数字化解决方案。该方案利用区块链技术在各方之间实现信息透明性，降低贸易成本和复杂性，旨在帮助企业减少欺诈和错误，缩短产品在运输和海运过程中所花的时间，改善库存管理，最终减少浪费并降低成本。马士基在 2014 年发现，仅仅将冷冻货物从东非运到欧洲，就需要近 30 个人员和组织进行 200 多次沟通和交流。类似这样的问题都有望借助区块链进行解决。

3. 一带一路

为了促进经济要素有序自由流动、资源高效配置和市场深度融合，我国将共建"一带一路"作为建立新型全球发展伙伴关系的重要方针。一带一路的主要内容包括政策沟通、设施联通、贸易畅通、资金融通、民心相通，倡导以开放为导向，冀望通过加强交通、能源和网络等基础设施的互联互通建设，开展更大范围、更高水平、更深层次的区域合作，打造开放、包容、均衡、普惠的区域经济合作架构。因此，建设可靠、高效的跨国家、全方位、多层面的交流、信任机制成为了合作顺利与否的关键所在。

在类似"一带一路"这样创新的投资建设模式中，会遇到来自地域、货币、信任等各方面的挑战。现在已经有一些参与到一带一路中的部门对区块链技术进行探索应用。区块链技术可以让原先无法交易的双方(例如，不存在多方都认可的国际货币储备的情况下)顺利完成交易，并且降低贸易风险，减少流程管控的成本。

1.4.4　物联网应用

物联网曾被认为是大数据时代的基础，但是随着区块链技术的飞速发展和时代的进步，区块链技术已成为物联网时代的基础。

区块链技术在物联网中的一种可能的应用场景是：为物联网络中每一个设备分配地址，并给该地址关联一个账户，用户通过向账户中支付费用可以租借设备，执行相关动作，从而达到租借物联网的应用。

典型的应用包括 PM2.5 监测点的数据获取、温度检测服务、服务器租赁、网络摄像头数据调用等。

另外，随着物联网设备的增多、边沿计算需求的增强，大量设备之间形成分布式自组织的管理模式，并且对容错性要求很高。区块链技术所具备的分布式和抗攻击特点可以很好地融合到这一场景中。

下文将给出数个结合物联网与区块链技术的实践案例：

1. IBM

IBM 在物联网领域已经持续投入了几十年的研发，目前正在探索使用区块链技术来降低物联网应用的成本。2015 年年初，IBM 与三星宣布合作研发"去中心化的 P2P 自动遥测系统"(Autonomous Decentralized Peer-to-Peer Telemetry)，使用区块链作为物联网设备的共享账本，打造去中心化的物联网。

2. Filament

美国的 Filament 公司以区块链为基础提出了一套去中心化的物联网软件堆栈。通过创建一个智能设备目录，Filament 的物联网设备可以进行安全沟通，执行智能合约以及发送小额交易。

基于上述技术，Filament 能够通过远程无线网络将广阔范围内的工业基础设备沟通起来，其应用包括追踪自动售货机的存货和机器状态、检测铁轨的损耗、安全帽或救生衣的应急情况监测等。

3. NeuroMesh

2017 年 2 月，源自 MIT 的 NeuroMesh 物联网安全平台获得了 MIT 100K Accelerate 竞赛的亚军。该平台致力于成为"物联网疫苗"，能够检测和消除物联网中的有害程序，并将攻击源打入黑名单。

所有运行 NeuroMesh 软件的物联网设备都通过访问区块链账本来识别其他节点和辨认潜在威胁。如果一个设备借助深度学习功能检测出可能的威胁，可通过发起投票的形式告知全网，由网络进一步对该威胁进行检测并做出处理。

1.4.5　其他场景

区块链还有一些很有趣的应用场景，包括但不限于云存储、医疗、社交、游戏等多个方面。

1. 云存储

以 Storj 项目为例，该项目提供了基于区块链的安全分布式云存储服务。服务保证只有用户自己能看到自己的数据，并号称提供高速的下载速度和 99.999 99% 的高可用性。用户还可以"出租"自己的额外硬盘空间来获得报酬。

协议设计上，Storj 网络中的节点可以传递数据，验证远端数据的完整性和可用性，复原数据，以及商议合约和向其他节点付费。数据的安全性由数据分片(Data Sharding)和端到端加密提供，数据的完整性由可复原性证明(Proofofretrievability)提供。

2. 医疗

医院与医保医药公司、不同医院之间甚至医院里不同部门之间的数据流动性往往很差。考虑到医疗健康数据的敏感性，笔者认为，如果能够在满足数据访问权、使用权等规定的基础上促进医疗数据的提取和流动，区块链将在医疗行业获得一定的用武之地。

GemHealth 项目由区块链公司 Gem 于 2016 年 4 月提出，其目标除了用区块链存储医疗记录或数据外，还包括借助区块链增强医疗健康数据在不同机构、不同部门间的安全可转移性，促进全球病人身份识别，医疗设备数据安全收集与验证等。项目已与医疗行业多家公司签订了合作协议。

3. 通信和社交

在通信和社交方面，比较典型的应用是 BitMessage。BitMessage 是一套去中心化通信系统，在点对点通信的基础上保护用户的匿名性和信息的隐私。BitMessage 协议在设计上充分参考了比特币，二者拥有相似的地址编码机制和消息传递机制。BitMessage 也用"工作量证明"机制防止通信网络受到大量垃圾信息的冲击。

类似的 Twister 是一套去中心化的"微博"系统，Dot-Bit 是一套去中心化的 DNS 系统。

4. 投票

目前，区块链技术已应用到投票系统上。例如，Follow My Vote 项目致力于提供一个安全、透明的在线投票系统。通过使用该系统进行选举投票，投票者可以随时检查自己选票的存在和正确性，看到实时计票结果，并在改变主意时修改选票。

该项目使用区块链进行计票，并开源其软件代码供社区用户审核。项目也为投票人身份认证、防止重复投票、投票隐私等难点问题提供了解决方案。

5. 预测

目前，应用较多的预测系统是 Augur 平台。Augur 是一个运行在以太坊上的预测市场平台。使用 Augur，来自全球不同地方的任何人都可发起自己的预测话题市场，或随意加入其他市场，来预测一些事件的发展结果。预测结果和奖金结算由智能合约严格控制，使得在平台上博弈的用户不用为安全性产生担忧。

6. 电子游戏

2017 年 3 月，来自马来西亚的电子游戏工作室 Xhai Studios 宣布将区块链技术引入其电子游戏平台。工作室旗下的一些游戏将支持与 NEM 区块链的代币 XEM 整合。通过这一平台，游戏开发者可以在游戏架构中直接调用支付功能，消除对第三方支付的依赖；玩家则可以自由地将 XEM 和游戏内货币、点数等进行双向兑换。

7. 公共网络服务

现有的互联网能正常运行，离不开很多近乎免费的网络服务，如域名服务(Domain Name Service，DNS)。任何人都可以免费查询到域名，没有 DNS，现在的各种网站将无法访问。因此，对于网络系统来说，类似的基础服务必须要能做到安全可靠，并且低成本。

区块链技术恰好具备这些特点。基于区块链打造的分布式 DNS 系统不仅可减少错误的记录和查询，并且可以更加稳定可靠地提供服务。

1.5 区块链 DAPP 介绍

本节将会对 DAPP(去中心化应用)展开简要介绍，并对 DAPP 的开发流程做大体的论述，好让读者对于 DAPP 的开发有一个简单的认识。

1.5.1 DAPP 介绍

比较流行的一种区块链进化史说法是，区块链 1.0 时代是比特币时代，2.0 时代是以太坊时代，3.0 时代是 DAPP 时代。那么 DAPP 究竟是什么呢？

DAPP 是 Decentralized Application 的缩写，即去中心化应用。维基百科对于 DAPP 的定义是：DAPP 是运行在分布式计算机系统上的计算机应用程序。

首先，介绍 DAPP 之前，我们需要了解 APP、WebAPP、Node.js 等几个概念。

1. APP

APP 即为 Application，既包含移动端和电脑端的软件，也包括 Web 应用程序。

虽然现在 APP 主要指移动端的应用，在电脑端的应用一般称之为"软件"，但其实二者在系统体系结构方面并无太大区别，均遵从 C/S 架构，即 Client/Server(客户端/服务器)架构。C/S 架构是大家比较熟知的系统体系结构，它将不同的系统任务合理分配给客服端和服务器端进行处理，减少了系统的通讯开销。但是用户必须安装客户端才可以对 APP 进行使用操作，并且每次程序对客户端的修改都要重新更新客户端的代码。

其实，APP 亦包括 Web 应用程序，即我们用浏览器访问的网站，现在人们喜欢称之为 WebAPP。网站应用遵从 B/S 架构，即 Browser/Server(浏览器/服务器)模式，将系统功能实现的核心部分集中到服务器上，大大提升了系统开发的效率，同时也降低了后期维护的难度。

2. WebAPP

2014 年 10 月 20 日，万维网联盟宣布 HTML5 的标准规范制定完成，其设计目的是为了在移动设备上支持多媒体。HTML5 推动了 Web 标准化运动的发展，扩大了 HTML 的应用场景，使越来越多运行于移动端的 WebAPP 进入市场。得益于 HTML 的进一步发展，

APP 对移动端的适配和兼容越来越好，现在许多网站开发者开始进军移动端开发。而且由于 WebAPP 的高效开发，许多初创公司为了业务效率，往往都会先选择开发 WebAPP，进而再深入开发 Android 或者 iOS 平台的应用。

目前市场主流的移动端 APP 主要分为：原生 APP、WebAPP 和混合 APP 三种。以前，WebAPP 的功能界面不如原生 APP 美观和人性化，但是，得益于众多前端 UI 框架的开发和优化，WebAPP 的控件和界面已经慢慢朝原生 APP 靠近，极大地提升了用户体验。

3. Node.js

Node.js 发布于 2009 年 5 月，实质是对 Chrome V8 引擎进行了封装，是一个开源的跨平台 JavaScript 运行时环境，使 JavaScript 代码能在浏览器外执行。至此，JavaScript 便不只作为脚本语言嵌入到网页的 HTML 当中去，还可以允许开发人员使用 JavaScript 语言编写命令行工具。

Node.js 代表了一个"JavaScript Everywhere"的范例，这也就意味着，JavaScript 能实现跨平台开发，不依赖于特定的操作系统和硬件环境。著名的 Java 就是跨平台语言，凭借 Java 虚拟机便可以在任何操作系统中运行。在编写这本书的时候，Java 在世界编程语言中排行第一。此外，WebAPP 也是得益于其跨平台的特性，在浏览器、Android 和 iOS 等不同平台上都能够运行，因此得到了快速发展。

再者，Node.js 拥有一个十分活跃的社区——CNode。CNode 社区为国内最大、最具影响力的 Node.js 开源技术社区，致力于 Node.js 的技术研究，大量年轻技术人员和专业人员活跃其中，因此，Node.js 的发展前景值得期待。

技术开发人员可以只对上面第一、二条有些许涉猎即可，但一定要对 Node.js 有一定程度的了解，它是区块链入门的基础。

如果你选择以太坊或者 EOS 入门区块链的话，运行的第一个 Demo 大部分情况下是需要安装 Node.js 的环境并用 Npm 命令来启动的。比如以太坊的开发框架 Truffle 是一个基于以太坊进行区块链开发的框架，包含对智能合约的编译、部署、测试和运行。Truffle 的官网也有许多现成的 Demo 可供下载运行，这些 Demo 可以很快让你对基于区块链的应用有一个大致的了解，比如著名的宠物店 Demo。

如果从网上找区块链入门的视频或者资料，也基本上都会用从安装 Node.js 环境开始。虽然后续开发可能用 Java、Python 等别的语言进行开发，但是，对区块链操作的 API 都是相通的。也就是说，如果你学会了 js 的 API，再学习别的语言版本就会很容易上手。所以，笔者觉得对 Node.js 的学习是很重要的。

上文简要讲述了几个技术概念，这些技术推动了区块链的良性发展。DAPP 并非横空出世的技术产品，它能走进大众也是依赖于众多基础技术作为支持。

简单来说，DAPP 是 APP 结合区块链技术的应用软件，是由类似以太坊网络的节点来运作的 DAPP，不依赖于任何中心化的服务器，数据变更可以按照智能合约完全自动地运行。目前 DAPP 通常指基于以太坊或者 EOS 上的智能合约开发的相关应用。

比较有名的 DAPP 有迷恋猫。它是世界首款区块链游戏，是架构在以太坊网络之上的，拥有浏览器、Android 和 iOS 等多个平台的应用开发。下载现有的 DAPP 进行直接体验能够让你更好地理解区块链的运行。

本节简要介绍了 DAPP 以及一些相关技术和概念,下一节将有针对性地讲解 DAPP 技术。

1.5.2　DAPP 开发简介

除了传统 APP 开发需要用到的技术,开发 DAPP 还需要学习开发框架和智能合约的相关知识。

我们以以太坊为例,简要介绍 DAPP 的开发框架和需要用到的技能和知识。假设我们要开发一个分布式的 WebAPP,架构如图 1-12 所示。该架构运用 B/S 架构,用户多终端通过浏览器访问前端;前端和后台进行数据交互,后台进行业务逻辑操作和对以太坊网络 API 的调用。下面将分别讲述每一模块运用的技能。

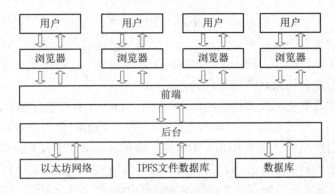

图 1-12　DAPP 架构

1. 前端

对于 B/S 体系结构系统,前端用于页面展示和简单的业务逻辑处理,可以用传统的 HTML、css、js 或者当下主流的 Vue、React、Angular 等前端框架进行开发。在该体系结构下,服务器可创建一个钱包管理所有用户的账户。

如果是 C/S 体系的系统,可以考虑在客户端直接与以太坊网络进行交互,则每个客户端拥有一个钱包和以太坊网络进行交易。

2. 后台

后台开发框架与传统开发框架并无区别,使用 web3.js 或者其他语言版本的 API 来实现对区块链的操作(例如,如果是 Java 开发语言,就使用 web3j 库)。这里以 node.js 的 Express 框架为例,利用 Solidity 语言编写智能合约,再利用 Truffle 框架对智能合约进行编译部署,然后利用 Express 对 web.js 的 API 的调用来对以太坊网络进行操作。

3. 以太坊网络

以太坊网络分为主网、测试网络和私网,下面分别加以介绍。

(1) 主网是产生真正有价值的以太币的网络。

(2) 测试网络是专供用户开发、调试和测试的网络。测试网络的合约执行不消耗真实的以太币,分为 Ropsten、Kovan 和 Rinkeby 等。以 Ropsten 为例,在 Infura 网站注册一个账号即可得到一个 RPC 网址,这是连接测试网络的重要参数。在测试网络中,每天可以领取少量的以太币,不过用于测试已经足够了。

(3) 私网是用户自己创建的网络，可以使用 geth 工具模拟以太坊出块。但是私网只能用户自己使用，一旦关闭，链上的数据就会消失。

4. IPFS

IPFS(Inter-Planetary File System，星际文件系统)是一个面向全球的、点对点的分布式版本文件系统。将数据存放在以太坊公网需要支付 gas，存储的数据越庞大，支付的费用就越多，想要把文件数据存储在以太坊共链上是不太现实的。因此可以将文件上传到 IPFS 上，此时 IPFS 会返回文件的哈希值，将这个哈希值存入数据库，可以节省大量的区块链网络带宽。

5. 智能合约

智能合约是一种旨在以信息化方式传播、验证或执行合同的计算机协议。智能合约允许在没有第三方的情况下进行可信交易，这些交易可追踪且不可逆转。智能合约就像是一份合同，制定了用户与用户之间、用户与区块链之间的规范。在区块链中，代码是如同法律一般的存在，智能合约可规范用户行为。

智能合约开发需要先编写智能合约，合约使用 Solidity 语言进行编写，Solidity 的官方网站有详尽的文档。如果使用 Truffle 框架，可以使用 Truffle 命令对合约代码进行编译，检查语法错误；当然也可以使用 Remix IDE 进行编译。要想使用智能合约，同样可以使用 Truffle 命令先对智能合约进行部署，将其部署到以太坊网络上；随后，以太坊网络会返回一个合约地址，开发者可以根据这个合约地址进行合约的调用，调用详情可以参见 web3.js API 文档的使用。

1.5.3　数据反馈合约与数据源

在以太坊黄皮书中，作者提到的数据反馈概念(Data Feeds)对于以太坊 DAPP 开发者具有一定的参考价值。它使得用户能够通过与以太坊合约的交互获得外部世界的信息与数据。看起来十分不可思议，但实际上，它的基本原理较好理解，即需要一个"附属"合约作者(数据源)来更新维护数据，保证数据的准确性与准时性。

通常形式的数据反馈合约首先需要包含一个函数，它能够返回一些有关外部世界现象的现时数据作为调用的回应(例如某座城市的当地气温)，在代码层面可具体表现为返回存储变量中一些经过确认的值。当然存储变量中的值应通过持续的维护工作以保证其正确性。因此该类合约通常还需要一个连入以太坊、拥有以太坊节点的外部服务器。一旦现时数据需要更新，就可以创建一个交易，调用合约函数对存储变量值进行改动，整个数据采集的过程便完成了。

根据合约代码的设计，可以对调用更新数据函数的用户进行访问控制，仅允许特定用户对数据进行更新操作。

尽管在合约代码方面理解起来较为简单、直观，但如何挑选可信的数据来源仍是个值得思考的问题。简单获取数据来源的方法是通过可信机构、组织提供的接口(API)或 Web 服务。前者的前提条件是，一个或多个机构提供智能合约运行所需数据的 API 可以通过 HTTP 的方式免费访问，并且不需要任何形式的许可证明、注册流程等。后者的前提条件是智能合约所使用的编程语言可以直接支持 HTTP 请求。

　　通过设置链下交易机制，可以绕过以太坊网络现有的出块速率限制与每秒交易处理数限制。在这种情形下，以太坊应用更像是在扮演"仲裁者"这一角色。首先，数据源 API 和 API 请求所需的相关花费需要提前由合约参与方(使用服务的普通用户、提供数据服务的组织)在合约中进行相应资金抵押；然后，当智能合约需要处理链下数据时，合约参与方通过运行链下代码，通过数据源的 API 独立获取链下数据，并将其操作记录的相应代码馈送至合约中(该过程可以由客户端软件自动运行)；之后，如果参与方对提交的数据有异议，则将操作记录对应的代码在链上进行重新运行，以确定正确的数据。在这一步中，智能合约不仅可以向合约中的服务方进行确认数据，在有多数据源的情况下，还可以使用预先设置的机制对不同的数据源进行筛选整合，更全面地保证数据准确性。

　　对于提交不正确结果(或合约状态)的一方(或多方)，其抵押将被用于支付链上计算的费用。如果合约各方对执行结果没有异议，则链上计算消耗的花费会根据事先约定的规则从抵押中扣除，剩余的部分将会返还，或继续作为押金被存于以太坊合约中。

1.5.4　以太坊预言机(Oracle)

　　上述章节所提及到的"数据源"对于以太坊应用的可扩展性有至关重要的作用。区块链本身是封闭的，因为区块链的确定性模型基于这样一个事实：在交易执行时，区块链不能执行任何来自外部的逻辑，所有的外部数据只能通过交易进入到系统中。因为在共识机制中，各节点为了验证交易的准确性，必然需要执行交易代码。而如果交易代码中包含一个连向外部动态数据源的数据请求，由于数据请求的发起时间各有差异，返回数据就可能出现不一致的情况，会对共识机制造成困扰。

　　所幸，研究者对于以太坊如何引入外部数据源这一问题给出了相关的定义，即以太坊预言机。预言机就是通过交易为智能合约提供可信数据的服务。

　　简单的以太坊预言机模型如图 1-13 所示。以太坊预言机作为数据源，发布调用合约相关函数的交易；以太坊节点解析交易(Transaction)内容，根据合约代码的功能发布包含数据信息的事件(Event)；事件监听服务器(可以是专门的信息收集者，也可以是普通用户，只要连入以太坊网络便可以监听事件)负责收听合约发布的事件并通知用户数据已发生更新。

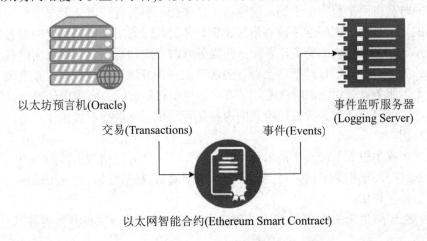

以太坊预言机(Oracle)　　　　　　　　　　　　　　事件监听服务器
　　　　　　　　　　　　　　　　　　　　　　　　(Logging Server)

交易(Transactions)　　　　　　　事件(Events)

以太网智能合约(Ethereum Smart Contract)

图 1-13　以太坊预言机模型

解决了不一致问题，接下来就要解决可信问题，可通过设立特殊的通信机制确保以太坊预言机的行为是可信的。在简单的以太坊预言机模型中，这一点可由区块链交易的特性实现：发布数据的智能合约将代表服务方对所发布的数据(交易)进行签名，确保数据的可鉴别特性。

目前，许多服务方出于多方面原因尚未在以太坊中部署发布数据的智能合约。为了能够与这一类服务方交互，可以利用较复杂的预言机模型。如图 1-14 所示，在该模型中，Oracle 作为用户的代理向服务方发送数据请求并返回结果。但可信问题仍然存在，如何证明预言机确实与服务方进行交互并返回给用户确切的回应数据？

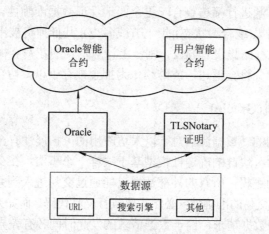

图 1-14 复杂预言机模型

解决这一问题的方法之一是采用 TLSNorary 可信证明技术。TLS 通信协议利用 PKI 机制、非对称加密与对称加密保证通信内容的完整性与保密性，它在互联网技术中被广泛使用，但并非本书的重点内容。TLSNotary 技术则进一步扩展应用场景，将通信参与方分为审计者(Auditor)、受审计者(Auditee)和服务者(Server)。Oracle 预言机与部署在云计算平台上的"盲审服务器"(Blind Notary Server)分别扮演受审计者与审计者。

TLSNotary 的设计亮点在于审计者与受审计者分别生成一个前阶主密钥(Pre-Master Key)，只有同时获得两个前阶主密钥才能够得出主密钥。服务者在审计者与受审计者无法获得主密钥的情况下通过密码学手段获取主密钥，并将其作为用于数据鉴定的服务方消息认证密钥(Sever MAC Key)；受审计者在访问服务方站点成功后，首先将页面信息的哈希值发送给审计方；审计者此时再把自己拥有的前阶主密钥发送给受审计方，并生成一个对页面内容哈希、服务者公钥、前阶主密钥的签名，用于日后校验；而受审计者此时同样获得了主密钥，它可以验证服务者发送给其的内容是否正确，并进行后续操作，例如返回数据给请求发起用户。

上述协议步骤中引入了密码学的术语，若读者先前未学习过相关领域的知识，可先阅读本书第 2 章或密码学相关书籍，再回至此页，以便对协议原理进行更充分的学习。

该协议的特点包括：

(1) 审计者无需(也无法)知道用户的访问请求和服务器回应报文的具体内容，增加了协议的稳定性。

(2) 审计者与服务者不需要过多交互，只需要获取服务者的证书公钥。为了使服务者获得主密钥，审计者需将用服务者公钥加密后的、自己的前阶主密钥先发送给受审计者，再由受审计者一起转发给服务者；然后服务者利用密码学知识(例如 RSA 的同态性)获取主密钥。

(3) 受审计者无法伪造来自服务者的服务。因为受审计者当且仅当向审计者提交服务者应答内容的哈希值后，审计者才会向受审计者揭示自己的前阶主密钥。在这之前，受审计者将无法对伪造的内容生成对应的消息鉴别码，进而无法使用伪造的内容蒙骗用户。

(4) 具有一定的中心化程度。用户必须对审计者保有绝对信任，并认为审计者不会和受审计者串通一气，伪造服务器回应的内容。

本 章 小 结

本章对区块链技术进行了概述，从区块链的概念入手，简单明了地为读者介绍了区块链的基础知识，包括区块链的层次模型和共识算法等重要概念；详细解释了比特币的工作机制，简要介绍了以太坊、EOS、超级账本等技术平台，并结合现代背景和区块链的发展现状，阐述了区块链的应用场景，让不了解区块链的读者对区块链有了大体的认识；同时讲解了区块链 DAPP 的相关概念，并简要地对 DAPP 的开发流程和所需的技术储备进行了介绍，为之后区块链的学习打下坚实的基础。

第 2 章　区块链中的信息安全技术

　　区块链自问世起，数年来，取得了不俗的成就。虽然人人都在谈论区块链，但是对于突然崛起的区块链仍然没有深入的了解。由于区块链中含有多个节点，且节点与节点之间是同步记账的，因此区块链中每一个节点都拥有相同的账本，区块链的安全性由此得到保障。

　　区块链的安全性可以从三个方面进行探讨，第一，区块链中每一个节点的地位是相等的，一个节点遭到黑客攻击或摧毁并不会影响其他节点的数据，整个区块链系统的安全也不会受到影响。

　　第二，由于区块链的节点遍布全球，节点的数量不可计数。如果想要篡改区块链上的数据，除非控制住世界上绝大多数电脑。

　　第三，区块链节点上的每一个账本的数据是相同的，如果区块链系统发现有两个账本的数据不同，它会自动认为拥有数据节点多的账本是真实的，另一个数据账本是假的，被舍弃。

　　从以上三点可以看出，如果黑客想要篡改某个账本的数据，就必须控制住整个系统的大部分节点，也就是"51%攻击"，控制住超过 50%的节点，而这基本是不可能实现的。随着区块的增加，节点的数量也在不断增加，当到达一定数量时，篡改可能性基本为零。

　　但即使如此，每年在区块链交易所发生的黑客事件仍数不胜数，这就需要用户在操作时具有安全的网络环境和安全意识，也需要交易所加强防御方案，及时发现系统漏洞，不断跟踪新型网络安全技术，加强系统安全。

　　本章将围绕信息安全的 5 大特征、Hash(哈希)算法、对称加密算法、公钥算法、认证技术、数字签名、PKI 体系、Merkle 树结构等展开介绍。

【学习目标】

> ➢ 了解信息安全的特征；
> ➢ 认识信息安全中的算法；
> ➢ 了解认证技术、数字证书等知识点。

2.1　信息安全的五大特征

　　信息安全本身涵盖的范围很大，如防止个人信息的泄露、防止商业机密的泄露和防止网络不良信息的传播等方面。信息安全的特征包括以下五个方面，即信息的保密性、完整性、可用性、不可否认性、可控性，下面将对这五个方面做相应的阐述。

1. 保密性

保密性要求不能泄露指定信息给非授权的个人、实体或过程，强调有用信息只能被授权对象使用。保密性保证了机密信息不会被恶意份子窃听到，或者不能了解信息的真实意义。

2. 完整性

完整性是指信息在传输、交换、存储和处理过程中，要能保持非修改、非破坏和非丢失的特性，即保持信息原样性，防止数据被非法用户篡改，使信息能正确生成、存储、传输，这是最基本的安全特征。

对于消息完整性，基于对称加密的消息认证码、基于单向散列函数的哈希算法和基于非对称加密的数字签名等技术都可以对其进行保护。

3. 可用性

信息可用性是指网络信息可被授权实体访问并按需求使用的特性，即网络信息可被授权实体正确访问，并按要求能正常使用或在非正常情况下能恢复使用的特征，在系统运行时能正确存取所需信息；当系统遭受攻击或破坏时，能迅速恢复并能投入使用。可用性是衡量网络信息系统面向用户的一种安全性能。

4. 不可否认性

不可否认性通常是指通信双方在信息交互过程中，参与者本身以及参与者所提供的信息都必须真实可信，所有参与者都不可能否认或抵赖本人的真实身份，信息行为人也不能否认自己的行为以及完成的操作与承诺。

5. 可控性

可控性通常指流通在网络中的信息和具体内容能够被有效控制，即网络系统中的任何信息要在一定传输范围和存放空间内可控，信息和信息系统时刻处于合法所有者或使用者的有效管控与控制之下。除了采用常规的传播站点和传播内容监控等形式外，还可采用密码托管政策。当加密算法交由第三方管理时，必须严格按规定可控执行。

2.2　哈希(Hash)算法

哈希算法是区块链中使用最多的一种算法，广泛使用在构建区块和确认交易的完整性上。它是一类数学函数算法，又被称为散列算法，具备三个基本特性：

- 输入可以为任意大小的字符串。
- 可产生固定大小的输出。
- 能进行有效计算，也就是能在合理的时间内算出输出值。

2.2.1　哈希算法的原理与定义

哈希算法是指将任意长度的二进制数据按照一定的算法转换为固定长度的二进制值。哈希一段明文后，如果更改明文中任何一个字符，其哈希值都会发生变化。所以数据的哈希值可以检验数据前后有无发生变化和完整性与否。哈希算法可用于许多操作，包括加密算法、快速验证、身份验证、数字签名等。

　　所有散列函数都有如下一个基本特性：如果两个散列值是不相同的(根据同一函数)，那么这两个散列值的原始输入也是不相同的。这个特性是散列函数具有确定性的结果。但另一方面，散列函数的输入和输出不是一一对应的，如果两个散列值相同，两个输入值很可能是相同的，但二者未必一定相等，即出现了哈希碰撞。

　　由于散列函数应用的多样性，因此它们经常专为某一应用而设计，并具有不同的特性。如 Rabin-Karp 子字符串查找算法，其基本原理是计算模式字符串的散列函数，利用相同的散列函数计算文本中所有可能的子字符串的散列函数值并寻找匹配。考虑到散列函数的计算时间耗费，这种方法看起来比暴力查找还慢。由此算法作者发明了一种能够在常数时间内算出文本中所有 M 长度子串散列值的方法。方法的大致思路是寻找一个大素数(作为散列表的大小)，通过"除留余数法"计算模式串的散列值。尽管节省了计算散列值的时间耗费，但是从安全散列函数的角度来看，这一算法显然无法满足需求。

　　因为安全散列函数假设存在一个要找到具有相同散列值的原始输入的敌人。一个设计优秀的安全散列函数是单向操作的：对于给定的散列值，没有实用的方法可以计算出一个原始输入，也就是说很难伪造。部分实现这一需求的方法是让输出与输入"无关"。例如，输入一些数据计算出散列值，然后部分改变输入值，一个具有强混淆特性的散列函数会产生一个完全不同的散列值。已知一个散列值，要找到预映射的值，使它的散列值等于已知的散列值在计算上是不可行的。

　　在理论上，消息鉴别码(Message Authentication Code，MAC)与散列函数一样，但它是带有秘密秘钥的单向散列函数，只有拥有密钥的某些人才能验证散列值或是生成合法散列值。可以用散列函数或分组加密算法产生 MAC，也有专用于 MAC 的算法。

　　一个优秀的 Hash 算法将能实现如下功能：

　　(1) 正向快速：给定明文和 Hash 算法，在有限时间和有限资源内能计算得到 Hash 值。

　　(2) 逆向困难：给定(若干)Hash 值，在有限时间内很难(基本不可能)逆推出明文。

　　(3) 输入敏感：原始输入信息发生任何改变，新产生的 Hash 值都应该出现很大不同。

　　(4) 冲突避免：很难找到两段内容不同的明文，使得它们的 Hash 值一致(发生碰撞)。冲突避免有时候又称为"抗碰撞性"，分为"弱抗碰撞性"和"强抗碰撞性"两种。如果在给定明文前提下，无法找到与之碰撞的其他明文，则算法具有"弱抗碰撞性"；如果无法找到任意两个发生 Hash 碰撞的明文，则称算法具有"强抗碰撞性"。

　　例如计算一段话"hello blockchain world, this is yeasy@github"的 SHA-256 Hash 值(使用 linux 自带哈希命令计算)，算法如下：

```
$echo " hello block chain world, this is yeasy@github " | shasum -a 256
    db8305d71a9f2f90a3e118a9b49a4c381d2b80cf7bcef81930f30ab1832a3c90
```

　　这意味着对于某个文件，无需查看其内容，只要其 SHA-256Hash 计算后结果同样为 db8305d71a9f2f90a3e118a9b49a4c381d2b80cf7bcef81930f30ab1832a3c90，则说明文件内容极大概率上就是"hello block chain world，this is yeasy@github"。

　　Hash 应用又常被称为指纹(fingerprint)或摘要(digest)。Hash 算法的核心思想也经常被应用到基于内容的编址或命名算法中。

2.2.2 常见的哈希算法

在很多场景下，往往要求算法对于任意长的输入内容可以输出定长的 Hash 值结果。目前常见的 Hash 算法包括 MD5 和 SHA 系列算法两种。

MD4(RFC 1320)是 MIT 学者 Ronald L.Rivest 在 1990 年设计的，MD 是 Message Digest 的缩写，其输出为 128 位。MD4 已被证明不够安全。MD5(RFC 1321)是 Rivest 于 1991 年对 MD4 的改进版本。它对输入仍以 512 位进行分组，输出是 128 位。MD5 比 MD4 安全，但过程更加复杂，计算速度要慢一点。MD5 已被证明不具备"强抗碰撞性"。

SHA(Secure Hash Algorithm)并非一个算法，而是一个 Hash 函数族。NIST(National Institute of Standards and Technology，美国国家标准技术研究所)于 1993 年首次发布。目前知名的 SHA-1 算法在 1995 年面世，它的输出为长度 160 位的 Hash 值，抗穷举性更好。SHA-1 设计时模仿了 MD4 算法，采用了类似原理，但已被证明不具备"强抗碰撞性"。

为了提高安全性，NIST 还设计出了 SHA-224、SHA-256、SHA-384 和 SHA-512 算法(统称为 SHA-2)，跟 SHA-1 算法原理类似。SHA-3 相关算法也已被提出。

目前，MD5 和 SHA-1 算法已经被破解，一般推荐至少使用 SHA2-256 或更安全的算法。对于 SHA 不同成员算法的比较如表 2-1 所示。

表 2-1 SHA 成员比较表

类　别	SHA-1	SHA-224	SHA-256	SHA-384	SHA-512
摘要长度	160	224	256	384	512
消息长度	$<2^{64}$ 位	$<2^{64}$ 位	$<2^{64}$ 位	$<2^{128}$ 位	$<2^{128}$ 位
分组长度	512	512	512	102	1024

MD5 是一个经典的 Hash 算法，和 SHA-1 算法一样，安全性已不足以应用于商业场景。Hash 算法一般都是计算敏感型的，这意味着计算资源是瓶颈。主频越高的 CPU 运行 Hash 算法的速度也越快，因此可以通过硬件加速来提升 Hash 计算的吞吐。例如采用 FPGA(Field-Programmable Gate Array，现场可编程门阵列)来计算 MD5 值，可以轻易达到数十 Gb/s 的吞吐。

SHA-3(Secure Hash Algorithm 3)是 NIST 于 2015 年 8 月 5 日发布的安全哈希算法系列的最新成果。尽管隶属同一系列标准，但 SHA-3 在内部不同于 SHA-1 和 SHA-2 的类似 MD5 的结构。在基于区块链的以太坊技术中 SHA-3 被大量运用，本书下文会详细叙述。

在很多场合下 Keccak 和 SHA-3 是同义词，两者的区别仅在于 SHA-3 最终完成标准化时，NIST 调整了填充算法，标准的 SHA-3 和原先的 Keccak 算法就有所区别了。Keccak 的作者提出了该算法的各类应用场景(目前还没有被 NIST 标准化)，包括流密码、AE 加密(Authenticated Encryption)、"树状"散列方案、应用在某些架构上的更快散列算法以及 AEAD 加密(Authenticated Encryption with Associated Data)。AEAD 加密是指在单纯的加密算法之上加上一层验证手段，来确认解密步骤是否正确、源密文是否被篡改，是 AE 加密模式的改进版本。

Keccak 是基于一种被称为"海绵结构"的方法。如图 2-1 所示，海绵结构基于随机函数或随机排列，允许输入(海绵术语中的"吸收")任何数量的数据，输出("压缩")任何数量的数据，并根据先前所有的输入产生一个伪随机函数，具有较高的灵活性。

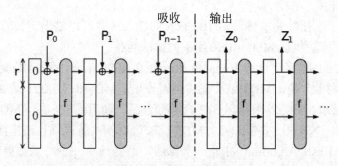

图 2-1　海绵结构示意图

在"吸收"阶段，分组明文通过异或运算方式影响当前状态的特定子集部分，然后通过置换函数 f (在 SHA-3 中使用 Keccak-f [1600]作为置换函数，通过 XOR、AND、NOT 等位操作运算对状态字节进行操作)对整个状态进行变换。在"输出"阶段，输出的密文(哈希)同样从当前状态中的特定子集产生，每产生一组密文分组，就会对当前状态执行置换函数 f，进行相同的变化。状态中每次被读写的子集部分大小称为"率"，而状态中不直接受明文影响或是作为密文输出的部分的大小被称为"容量"。"容量"的大小决定了算法的安全性。

例如，输入为一个比特字串 N、一个填充函数 pad 和一个置换函数 f，状态总字节数为 b，"率"和"容量"分别为 r 和 c (满足 c = b−r)，输出密文分组长度为 d。由此定义一个海绵结构哈希算法 Z = sponge[f, pad, r](N, d)，其运作流程可描述为：

(1) 对输入 N 进行填充，生成一个字串长度能被 r 整除的填充字串 P。

(2) 将 P 分为 r 字节长度的若干分组：$P_0, \cdots, P_{n-1}$。

(3) 初始化状态 S 为一个长度为 b 的 0 比特字串。

(4) 对每个分组 P_i 进行"吸收"操作：

· 用 0 比特扩展 P_i 至 b 长度。

· 与 S 进行异或操作。

· 对 S 执行置换函数 f，生成新状态。

(5) 初始化 Z 为空字符串。

(6) 当 Z 的长度小于 d 时：

· 将状态 S 中的前 r 个字符附加至 Z 的末尾。

· 如果 Z 的长度仍小于 d，则对状态 S 执行置换函数 f，生成一个新状态 S。

(7) 将 Z 截断至 d 长度并输出结果。

2.2.3　数字摘要

顾名思义，数字摘要是对数字内容进行 Hash 运算，获取唯一的摘要值来指代原始完整的数字内容。数字摘要是 Hash 算法最重要的一个用途。利用 Hash 函数的抗碰撞性特点，数字摘要可以确保内容未被篡改过。

细心的读者可能会注意到，从网站下载软件或文件时，有时会提供一个相应的数字摘要值。用户下载原始文件后可以在本地自行计算摘要值，并与提供的摘要值进行比对，检查文件内容是否被篡改过。

在后文提及的数字签名中同样需要使用基于 Hash 算法的数字摘要技术。例如用户需要对某个文件进行签名以保证文件的可校验性以及自己与该文件的关联性时，他不再需要对整个长文件的字节内容进行签名，而是对长文件生成的、长度相对较短的数字摘要进行签名；校验过程则转而变为对用户的签名与接收文件生成的散列值进行比对。

假设一个优秀的散列函数具有均匀的真正随机输出，那么两个不同文件有相同 160 位散列值的概率为 $1/2^{160}$，极大概率上确保了签名的不可复用性。

数字摘要的优点包括：首先，签名和文件可以分开保存。其次，接收者对文件和签名的存储量要求大大降低了。档案系统可用这类协议来验证文件的存在而无需保存它们的内容。用户将文件的散列值传给数据库，然后数据库对提交的文件加上时间标记并保存。如果以后有人对某文件的存在发生争执，数据库可以通过找到文件的散列值来解决争端。而区块链技术中的"账本"功能需要使用类似的技术来保证交易记录的可校验性，因此数字摘要在节省通信流量方面对架构于 P2P 网络上的区块链网络颇有益处。

2.2.4　哈希的攻击与防护

Hash 算法并不是一种加密算法，不能用于对信息的保护，但常用于对口令的保存上。例如用户登录网站需要通过用户名和密码来进行验证，如果网站后台直接保存用户的口令明文，一旦数据库发生泄露，后果不堪设想。

利用 Hash 的特性，后台可以仅保存口令的 Hash 值。每次登陆时，只要 Hash 值一致，则说明输入的口令正确。即便数据库泄露了，也无法从 Hash 值还原回口令，只有进行穷举测试。

然而，由于有时用户设置口令的强度不够，只是一些常见的简单字符串，如 password、123456 等。有人专门搜集了这些常见口令，计算对应的 Hash 值并制作成字典，这样通过 Hash 值可以快速反查到原始口令。这种以空间换时间的攻击方法包括字典攻击和彩虹表攻击(只保存一条 Hash 链的首尾值，相对字典攻击可以节省存储空间)等。

为了防范这一类攻击，一般采用加盐(salt)的方法。加盐法是指保存的不是口令明文的 Hash 值，而是口令明文再加上一段随机字符串(即"盐")之后的 Hash 值。Hash 结果和"盐"分别存放在不同的地方，这样只要不是两者同时泄露，攻击者就很难破解了。

基于哈希函数的强混淆性，使用 salt 与原始口令混合加密生成哈希值能够消除对常用口令采用的字典式攻击。因为攻击者除了猜解常用口令以外，还需要产生每个可能的 salt 值的单向散列值，增加了攻击成本。

而彩虹表(如图 2-2 所示)则以优秀的空间耗费成本成为了穷举法/字典式攻击中的理想选择，其目的在于找到一个能产生相同哈希摘要的密码。显然，所找到的"密码"不一定与用户的真正密码相同。

假设我们有一个哈希方程 H 和一个有限的密码集合 P，则需要预先计算出一个数据结构来帮我们查询哈希方程 H 的任意一个输出结果 h 是否可以通过密码集合 P 里面的一个元素 p 经哈希函数 H(p) = h 得到。存储 P 集合内的所有密码与对应产生的哈希值在空间耗费上显然是不可行的。

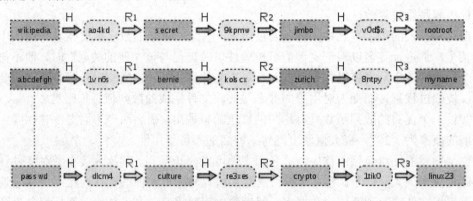

图 2-2　彩虹表结构示意图

为减少实际的空间耗费，彩虹表通过定义一个归约函数(Reduction Function) R 来映射散列值 h 在集合 P 中对应的密码 p (此处的归约函数不是哈希函数的逆函数，仅是一个任意的由散列值到特定字符的纯文本值的映射关系)，通过交替使用 HASH 函数与归约函数，形成交替的密码和哈希值链条。为了生成查找表，我们从初始密码集合 P 中随机选择一个子集，对子集中的每个元素计算长度为 k 的哈希链，然后只保存每条哈希链的初始和末尾密码。我们把初始密码称为起点，把末尾密码称为终点，哈希链中的其他密码或者哈希值均不会被保存。

对于给定的哈希值 h，需要计算其对应的逆时(即找到哈希值对应的密码)，从哈希值 h 开始可以通过反复执行函数 R 和 H 生成一条哈希链。如果哈希链的任何节点与查找表的某个终点发生了碰撞，则说明这条哈希链很可能包含了 h。从这条链的起点重新生成链中各结点便可以找到哈希值 h 对应的密码 p。

简单的哈希链方法有很多缺陷。最严重的问题是，如果两条链中的任何两个点碰撞(有同样的值)了，它们后续的所有点都将重合，这将导致在付出了同样的计算代价之后并不能使表尽可能多地覆盖到密码。由于链的前部并没有整个保存，因此碰撞不可能有效检测到。例如，如果链 3 的第三个值和链 7 的第二个值重合了，那么这两条链将覆盖几乎同样的值，浪费了存储空间。解决这一弊端的关键在于保证规约函数 R 的抗碰撞性。

一个解决方案是选用一系列不同的衰减函数 $R_1, \cdots, R_k$ 来代替原先单一的衰减函数 R，这样，如果两个哈希链发生碰撞并且重合，那么它们的碰撞必定发生在相同的位置，从而它们的终点也将相同。因此可以通过后处理来对哈希链进行排序，从而找出并移除所有终点相同的链，并生成新的链来将整个表补充完整。这样得到的表中的链可能有碰撞的部分，但不会发生链的重合，提高了存储空间的利用率。

2.2.5　哈希算法在区块链中的应用

哈希算法有很多，比特币主要使用的哈希算法是 SHA-256 算法。

除此之外，还有其他一些哈希算法也很流行，例如 MD5、SHA-1、SHA-2(SHA-224、SHA-256、SHA-384、SHA-512)、SHA-3 等，其中 MD5、SHA-1 已被证明了不具备强碰撞阻力，安全性不够高，因此不再推荐使用。

1. 数据结构方面

在数据结构方面，哈希算法可用于保证区块的链式结构与区块内所包含交易的可校验性。

1) 比特币哈希指针链表

我们以比特币为例，来看一下哈希算法的具体应用。在比特币中，使用哈希算法把交易生成数据摘要。当前区块里面包含上一个区块的哈希值，后面一个区块又包含当前区块的哈希值，就这样一个接一个地连接起来，形成一个哈希指针链表，如图 2-3 所示。

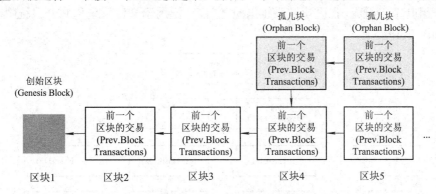

图 2-3 比特币哈希指针链表

图 2-3 只是示意图，那么在实际比特币系统中，每个区块包含哪些内容呢？如表 2-2 所示。

表 2-2 区块包含的信息

领域	用途	何时更新	字节数	举例
版本	区块版本编号	软件升级时	4	02000000
前一个区块	前一个区块头的 256 位	一个新的区块到达时	32	C12959edab
Merkle 树	区块内的所有交易	一次交易被接受后	32	D3f4bac86b2
时间戳	当前时间戳	区块创建时	4	358a2903
比特	当前难度目标	调节难度时	4	F3591e20
随机数 Nonce	32 位数字	工作量证明 Nonce 生成	4	537629132
交易数	记录交易的总数	每一个区块		63
基于货币的交易、用户交易 1、用户交易 2……				

表 2-2 中的部分名词解释如下所述：

• Prev.Block：记录前一个区块的 Hash 地址，长度为 32 字节。

• Merkle Root：是一个记录当前块内的所有交易信息的数据摘要 Hash 值，长度为 32 字节。

• Nonce：一个随机值，需要通过这个随机值去找到满足某个条件的 Hash 值(挖矿)，长度为 4 字节。

这所有的字段一起就组成了 Block Header(区块头)，然后需要对 Block Header 进行 2 次 Hash 计算，计算完成的值就是当前比特币区块的 Hash 值。因为比特币系统要求计算出来的这个 Hash 值满足一定的条件(小于某个数值),因此需要我们不断地遍历 Nonce 值去计算新的 Hash 值以满足要求。只有找到了满足要求的 Hash 值,那么这就是一个合法区块了。这一系列动作也叫做挖矿,示例如下:

　　　　SHA-256(SHA-256 (Block Header))

2) Merkle 树

我们再看一下上面的另一个重要字段——Merkle 树字段。

Merkle (默克尔)树又叫哈希树,是一种典型的二叉树结构,由一个根节点、一组中间节点和一组叶节点组成。在区块链系统出现之前,广泛用于文件系统和 P2P 系统中。Merkle 树结构如图 2-4 所示。

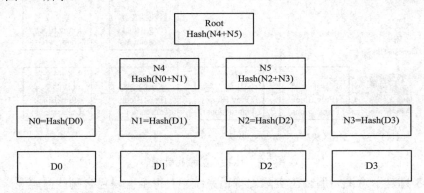

图 2-4　Merkle 树示意图

树的顶端是 Merkle 根,是一个 Hash 值,对区块中的每一个交易做哈希运算,然后每两个交易的哈希值再做哈希运算。如图中交易 A 的哈希值是 H(A),交易 B 的哈希值是 H(B),再对两个值做合并哈希运算得到 H(H(A) ‖ H(B))。依此类推,最终得到 Merkle 根。Merkle 树的主要特点为:

(1) 最下面的叶节点包含存储数据或其哈希值。

(2) 非叶子节点(包括中间节点和根节点)都是它的两个孩子的节点内容的哈希值。

进一步地,Merkle 树可以推广到多叉树的情形,此时非叶子节点的内容为它所有的孩子节点内容的哈希值,如图 2-4 所示。

3) Merkle 树的典型应用

Merkle 树逐层记录哈希值的特点,让它具有一些独特的性质。例如,底层数据的任何变动都会传递到其父节点,一层层沿着路径一直到树根。这意味树根的值实际上代表了对底层所有数据的"数字摘要"。目前,Merkle 树的典型应用场景有很多,下面分别加以介绍。

(1) 快速比较大置数据。

对每组数据排序后构建 Merkle 树结构。当两个 Merkle 树根相同时,则意味着两组数据必然相同。否则,必然存在不同。

由于 Hash 计算的过程可以十分快速,预处理可以在短时间内完成,因此 Merkle 树结构能带来巨大的比较性能优势。

(2) 快速定位修改。

例如图 2-4 中，如果 D1 中数据被修改，会影响到 N1、N4 和 Root。因此，一旦发现某个节点如 Root 的数值发生变化，沿着 Root→N4→N1，最多通过 O(lgn)时间即可快速定位到实际发生改变的数据块 D1。

(3) 零知识证明。

仍以图 2-4 为例，如何向他人证明拥有的某组数据(D0，D1，D2，D3)中包括给定某个内容 D0 而不暴露其他任何内容？

很简单，构造如图 2-4 所示的一个 Merkle 树，公布 N1、N5、Root。D0 拥有者通过验证生成的 Root 是否跟提供的值一致，即可很容易检测 D0 的存在。整个过程中验证者无法获知其他内容。

2. 技术底层实现方面

而在区块链技术底层实现方面，哈希技术也起到了举足轻重的作用。

布隆过滤器(Bloom Filter)用于检索一个元素是否在集合中，是一种空间效率很高的随机数据结构。它利用位数组很简洁地表示一个集合，是一个判断元素是否存在集合的快速的概率算法。Bloom Filter 有可能会出现错误判断，但不会漏掉判断。也就是说，如果 Bloom Filter 判断元素不在集合，那肯定不在；如果判断元素存在集合中，有一定的概率判断错误。它的优点是空间效率和查询时间都远远超过一般的算法，缺点是有一定的误识别率和删除困难。

布隆过滤器根据实际情况在具体实现方法上有所区别。例如在以太坊技术中，用户可以规定某一类交易事件的可索引信息(英文名称为 Topic，一个可索引信息包含属性名与对应的属性值。当合约发起事件时，可以自定义事件的属性值)，事件将作为区块日志数据的一部分被存储于链上。此后，用户能够根据 Topic 的值筛选指定条件、特定类型的事件并从事件所属的区块中获取事件数据。

为实现这一功能需求，以太坊给出如下定义与操作方法：

(1) 日志 Bloom R_b 是一个 2048 位(256 字节)的比特数组。

(2) 定义 Bloom Filter 函数 M 将一个日志项精简为一个 256 字节的哈希，初始化为全零值。

(3) 对日志生产者地址 O_a、索引字节数据 O_t 进行以下操作：

- 进行 SHA-3 函数操作，生成散列值；
- 对每个散列值的头三个字节分别进行操作；
- 取得每个字节的低位 11 比特数据 index；
- 修改 R_b，设置 $R_b[index] = 1$，如图 2-5 所示。

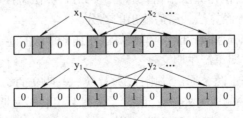

图 2-5　Bloom Filter 示意图

为了查询某种指定类型的事件，系统会使用同样的方式，根据用户提交的索引参数生成一个日志 Bloom R_{find}，并检查每个区块头存储的 R_b。如果 R_{find} 中每个置为 1 的比特位都在区块头的 R_b 中被置为 1，说明该区块可能包含某种类型的事件。如图 2-5 所示，图中 y_1 对应的位不全为 1，说明该索引代表的事件类型不存在区块数据中；而 y_2 对应的位全为 1，说明该索引代表的事件类型可能存在于区块数据中。

以太坊给出的有关"World State"的定义维护了用户地址到用户状态信息的映射，包括用户现时、用户余额、用户数据存储根(负责存储状态变量)以及合约代码哈希(CodeHash)。在合约部署完成后，合约代码与相应的合约代码哈希无法被改动，而所有的代码段被存储于一个 key-value 类型的状态数据库(State Database)中，它们所对应的键值则是合约代码所生成的哈希。当用户状态改变，需要生成新的 world state 时，参与计算的是合约代码哈希而非代码本身，因此便节省了计算量。

类似的策略也被运用于"World State"的存储方案中，每个区块在头部中需要存储"State Root"，来指向这个区块所含的交易完成后的新"World State"。将"World State"从映射类型转换为一棵改良的 Merkle Patricia tree 后，树根节点的 256 位哈希将作为"State Root"被存储，并在状态数据库中存储相应的键值对，方便日后的校验操作或是还原到某个旧时状态。

2.3　对称加密算法

对称加密也叫私钥加密，是指加密和解密使用相同密钥的加密算法，是较早的加密算法，技术相对成熟。有的时候也把它叫做传统加密算法，也就是加密密钥和解密密钥可以互相从对方中推算出来。在对称加密算法中，数据发送方将明文(原始数据)和加密密钥一起用特殊加密算法加密，变为加密密文再发送出去；收信方收到密文后，再用加密用过的密钥和相同算法的逆运算对密文进行解密，此时可以得到明文进行阅读。在大多数对称算法中，加密密钥和解密密钥是相同的，所以需要发送方和收信方在安全通信之前商定一个密钥，因此密钥的保密性对通信的安全非常重要。

2.3.1　对称加密算法的原理

一个对称加密方案由 5 个部分组成，它们分别是：
- 明文(Plaintext)：作为算法中输入部分的原始消息。
- 加密算法(Encryption Algorithm)：对明文进行转换和替换，成为密文。
- 密钥(Secret Key)：作为算法中输入的另一部分，算法怎样转换和替换取决于密钥。
- 密文(Ciphertext)：经算法加密后输出的部分。
- 解密算法(Decryption Algorithm)：解密算法即加密算法的逆运算。使用密文和同一个密钥作为逆运算的输入，即可产生明文。

所有的加密算法都基于两个通用法则：① 替换——明文的每一个元素(比特、字母、一组比特或一组字母)被映射成另外一个元素；② 排列组合——明文的元素被重新排列。这些操作都要求无信息丢失情况，即操作可逆。

2.3.2 对称密码的基本设计原则

1. 混乱原则

对于一个分组密码算法，可以将密文看做是明文和密钥的函数。混乱原则要求设计的密码应使密文与其对应的明文和密钥的关系足够复杂，复杂到足以使密码分析者无法利用这种关系。

由于密码破译无外乎解析法(即通过建立并求解一些方程实现破译)和统计法(即利用统计规律实现破译)两种方法，因此混乱原则一方面要求密文应当是明文和密钥的足够复杂的函数，另一方面要求密文与其对应的明文和密钥之间不存在任何形式的统计相关性，这就保证了明文和密钥的任何信息既不能由密文和已知的明密对利用代数方法确定出来，也不能由密文和已知的明密对利用统计关系确定出来。也就是说，混乱原则要求设计的分组密码算法应使解析法和统计法在破译密码时都无法利用。显然，按照混乱原则的要求，分组密码算法应有足够的"非线性"因素。

2. 扩散原则

扩散原则要求人们设计的密码应使得每个明文比特和密钥比特影响尽可能多的密文比特，以隐蔽明文的统计特性和结构规律，并防止对密钥进行逐段破解。

扩散原则一方面要求具有一定结构和统计规律的明文(即明文有冗余)经过变换后，这种结构和统计规律在密文中应得到充分破坏，使密文不再显示出任何形式的规律性；另一方面要求密钥的每一比特要影响尽可能多的密文比特，使密钥的每一比特在密文中都得到充分扩散。

按照扩散原则的要求，每个明文比特和密钥比特均应影响密文的所有比特。也就是说，当一个明文比特或密钥比特发生变化时，每个密文比特都有可能发生变化。

2.3.3 分组密码的整体结构

分组密码作为实现对称加密方案的一种设计结构，较为直观地诠释了对称加密方案的设计原则。下文将通过介绍分组密码的整体结构，使读者对混乱原则与扩散原则有一定认知。

分组密码是将明文消息编码表示后的数字序列按固定长度分组，然后在同一密钥控制下用同一算法逐组加密，从而将各个明文分组变换成一个长度固定的密文分组密码。

为了保证分组密码既能实现足够的混乱，扩散又易于实现，Shannon 提出利用乘积密码的思想解决这一问题。乘积密码是指通过简单密码的复合来组合密码体制。常见的乘积密码是迭代密码，基本思想是通过将一个易于实现且具有一定混乱和扩散结构的较弱的密码函数进行多次迭代，来产生一个强的密码函数，使明文和密钥得到足够的混乱和扩散。一般来说，先将简单的密码函数通过代替变换和移位变换做乘积，复合成一个具有一定混乱和扩散结构的较弱的密码函数；然后再将这个较弱的密码函数与自己多次做乘积，复合成一个强的密码函数。这就是迭代型分组密码。实现迭代密码的常见模型是 S-P 网络和 Fiestel 模型。

1. S-P 网络

实现迭代密码思想的最简单模型是代替-置换网络(S-P 网络)，它是一种使用由非线性代替函数 S 和比特置换函数 P 复合组成的轮函数，对明文进行多次迭代的密码结构。S-P 网络的结构非常简单，非线性代替 S 被称为混乱层，它采用代替原理设计，主要起到混乱的作用；比特置换 P 被称为扩散层，它采用移位原理设计，主要起到扩散作用。

在 S-P 网络中，利用非线性代替 S 得到分组小块内的混乱和扩散，再利用比特置换 P 错乱非线性代替后的各个输出比特，以实现整体扩散的效果(即把本轮每个输入比特的影响扩散到下一圈尽可能多的 S 盒中)。经过若干次的局部混乱和整体扩散之后，密码破解者将难以通过观察明文来推测出明文与密钥的可能分布。这是 S-P 网络实现混乱与扩散的基本思想。

2. Feistel 模型

如图 2-6 所示，Feistel 模型将输入分为左半部分和右半部分，接着进行 n 圈迭代；在每一轮中，右半部分在子秘钥 K 的作用下进行 F 变换(F 函数不需要具有可逆性)，得到的值再与左半部分按位异或，产生的比特数据作为下一轮迭代的右半部分；原右半部分直接作为下一轮迭代的左半部分，在最后一圈则不进行左右块对换。

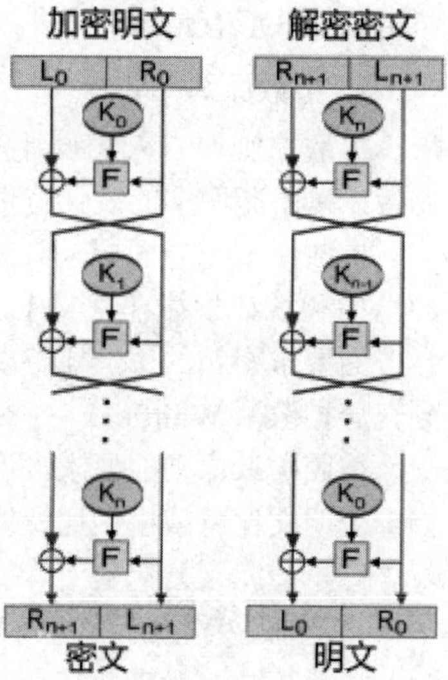

令 F 为轮函数，K_1, K_2, …, K_n 分别为第 1, 2, …, n 轮的子密钥，那么基本构造过程如下：

(1) 将明文信息均分为 L_0 和 R_0 两块；

(2) 在每一轮中，进行如下运算(i 为当前轮数)：

$$L_i + 1 = R_i$$

$$R_i + 1 = L_i \oplus F(R_i, K_i)$$

其中 $\oplus$ 为异或操作。

所得的结果为(R_i+1, L_i+1)。

对于密文(R_n+1, L_n+1)，我们将 i 由 n 向 0 进行，即 i = n, n−1, …, 0。然后对密文进行加密的逆向操作，即

$$R_i = L_i + 1;$$

$$L_i = R_i + 1 \oplus F(L_i+1, K_i)$$

其中 $\oplus$ 为异或操作。

图 2-6　Feistel 模型

所得结果为(L_0, R_0)，即原来的明文信息。

2.3.4　常见算法

对称加密算法用来对敏感数据等信息进行加密，常见算法包括 DES、3DES、AES、IDEA 等，下面分别对这些算法进行介绍。

1. DES (Data Encryption Standard)

DES 是指经典的分组加密算法，1977 年由美国联邦信息处理标准(Federal Information Processing Standards，FIPS)采用 FIPS-46-3，将 64 位明文加密为 64 位的密文，其密钥长度为 64 位(包含 8 位校验位)，现在已经很容易被暴力破解。

2. 3DES(Triple DES)

3DES 是指三重 DES 操作，即加密—解密—加密。处理过程和加密强度优于 DES，但

现在也被认为不够安全。

3. AES (Advanced Encryption Standard)

AES 由美国国家标准研究所(NIST)所采用，目前已取代 DES 成为对称加密实现的标准。1997—2000 年，NIST 从 15 个候选算法中评选 Rijndael 算法(由比利时密码学家 Joan Daemon 和 Vincent Rijmen 发明)作为 AES，标准为 FIPS-197。AES 也是分组算法，分组长度分为 128、192、256 位三种。AES 的优势在于处理速度快，整个过程可以用数学描述，目前尚未有有效的破解手段。

4. IDEA (International Data Encryption Algorithm)

IDEA 1991 年由密码学家 James Massey 与来学嘉联合提出。设计类似于 3DES，密钥长度增加到 128 位，具有更好的加密强度。

2.4 公 钥 算 法

比特币以太坊中的数字钱包、交易双方的身份验证、交易的抗抵赖等安全要求都是通过公钥算法来实现的。在区块链中 RSA 和 ECC(Ellipse Curve Cryptography，椭圆曲线)算法是最常用的两个公钥算法，接下来就介绍一下公钥算法的一些基本概念。

2.4.1 公钥算法的定义

1976 年，Whitfield Diffie 和 Martin Hellman 发表了一篇题为《密码学的新方向》的文章。这篇文章的影响是巨大的。除了引入一种完全不同的看待密码学的方式外，它还使人们迈出了将密码学引出秘密领域、推入公开领域的第一步。

该思想就是公钥算法，它是现代密码学历史上一项伟大的发明，可以很好地解决对称加密中提前分发密钥的问题。

公钥算法一般需要两个密钥，分别是公开密钥(Public Key)和私有密钥(Private Key)。公开密钥简称公钥，私有密钥简称私钥，它俩是一对。如果用了公钥对明文进行加密，只有相对应的私钥能够对加密后的密文进行解密。由于加密和解密用的是不同的钥匙，所以这种算法又称为非对称加密。

公钥加密的基本流程是：A 生成一对密钥，并把其中一个钥匙作为公钥在网络环境中公开；得到该公钥的 B 使用该钥匙对明文进行加密，再发送给 A；A 收到密文后用剩下的那一把私钥对密文进行解密。另一方面，A 可以用 B 的公钥对想要发送的机密明文进行签名，B 收到后用自己的私钥对发送过来的信息验证签名。

公钥加密算法的优点是公私钥分开，不用安全通道也可使用，保密性较好，消除了最终用户交换密钥的需要。缺点是处理速度(特别是生成密钥和解密过程)往往比较慢，比对称加密算法更加消耗计算和内存资源，同时加密强度也往往不如对称加密算法。

2.4.2 基于大整数分解的数论假设及对应的公钥加密方案简述

1976 年以前，密码学家普遍认为不首先共享密钥就进行加密是不可行的，但是 Diffie

和 Hellman 观察到世界上存在一种天然的不对称，那就是某些很容易完成但是反过来却不容易完成的行为。举个直观的例子，打碎玻璃花瓶是很容易的，但是想要从碎片再还原花瓶却是十分困难的。另外一个从算法角度出发的例子是，计算两个大素数的乘积很简单，但是从一个积中找出这两个素数却很难，这正是因子分解问题。这种不对称性向人们暗示，可以构造这样一种加密方案，它不依赖于共享密钥，而是依赖于加密很"容易"，但除了指定的接收者以外其他人解密都很困难的算法。

这正好符合了前文对公钥加密算法中密钥对的描述：利用公开的加密密钥加密很"容易"，但只有掌握"私钥"的接收者才能对密文进行解密操作，其他人不可能解密或者破解。

接下来，我们详细说说整数分解假设，以及数个基于其发展而来的著名密码学假设和相应的公钥加密方案。至今为止，人们依然在进行着这些密码学假设的研究：或是想发明更具安全性的加密算法，或是想找到一个能够推翻假设的攻击算法。

1. 整数分解假设

整数分解问题是一个最基本的数论问题。该问题理论上很容易解决，只需要试除即可，但当整数很大时，实际计算会遇到困难。经过数百年的研究，对于一般的整数分解，人们普遍认为不存在多项式时间(Probabilistic Polynomial Time, PPT)算法，但并不排除对于某些有特殊性质的整数存在高效的分解方法。研究经验表明，两个长度相同或者几乎相同的素数乘积属于难以分解的整数。一般称这样的整数为 RSA 模数，如图 2-7 所示。

RSA-768

```
RSA-768=1230186684530117755130494958384962720772853569595334792197322452151726400507263657518745202199786469389956474942774063845925192557326303453731548268587917026122142913461670429214311602221240479274737794080665351419597459856902143413
        = 33478071698956898786044169848212690817704794983713768568912433889828837938780022876147116
5253174308773781446799948 9 *36746043666799959042824
4633799627952632279158164343087642676032283815739
6665112792333734171433968102700927873630891 7
```

图 2-7   RSA 768 大整数因子分解

2. RSA 假设

整数分解是一个公认的难题，因此直接构造基于这个假设的安全加密方案是不容易的。Rivest 等在其著名的文章中提出了一个相关假设(后来被称为 RSA 假设)，并基于此假设构造了 RSA 加密方案。该假设为：假设有一个正整数 N，那么模 N 的剩余类 $R = \{0, 1, \cdots, N-1\}$ 关于模 N 的加法和乘法运算构成一个环。

这个环中的所有乘法可逆元(例如，3 和 5 都是关于模 7 乘法的乘法可逆元)，即所有小于 N 且与 N 互素的元素全体组成一个乘法群 Q，并且在群 Q 中恰有 phi(N) 个元素(这里 phi 是欧拉函数)。如果 N = pq 是两个素数的乘积，那么 phi(N) = (p - 1)(q - 1)。在群 Q 中，每个元素均与 x 互素，因此由扩展的欧几里得算法可以高效地求出整数 y、z，使得 xy + Nz = 1。也就是说，对于任何 x，均可以高效求出其乘法逆元 y mod N。

如果知道 N 的分解(如 N = pq)，则容易求出 phi(N)为 N - (p + q) + 1，继而能求出 x 关于 phi(N)的乘法逆元 y；如果不知道 N 的分解，目前还没有求 phi(N)的多项式时间算法。因此，分解整数 N = pq 与求出 phi(N) 的难易程度等价。

> RSA 假设：对于任意 1 < e < phi(N)并且 e 与 phi(N)互素，随机选择 Q 中的某一元素 x，给定 e、x 的 e 次幂、N，求解 x 是困难的。

这一假设描述了 RSA 加密的雏形。我们可将假设中的 x 视为明文，e 视为公开密钥，那么敌手在仅知道 e 和 x 的 e 次幂的情况下求解 x 是困难的。我们将在后文详细讲述 RSA 方案是如何具体使用私钥还原求得 x 的。

RSA 方案作为第一个公开发表的公钥加密方案，它对密码学发展的影响以及对公钥密码学的贡献都是难以估量的。这个方案也是目前实际应用最为广泛的公钥加密方案，在网络与无线通信中的使用较为普遍。RSA 方案的三位作者 Rivest、Shamir 和 Adleman 因这项工作荣获计算机科学界最负盛名的图灵奖(2002)。

3. 判定二次剩余假设

前面我们已经提到，对于难以分解的整数 N，乘法群 Q 的阶数 phi(N)是难以计算的。在这类群中，还有一个值得注意的问题——Q 中二次剩余类的判定问题。

> 对于一个知道其分解的整数 N = p*q，群 Q 二次剩余类(Quadratic residues mod N)的元素容易判定，方法是将判定模 N 元素的二次剩余性归约到子群上进行判定。
>
> 对于无法分解的整数 N = p*q，目前没有可高效判定一个元素是模 N 的二次剩余还是模 N 的二次非剩余的方法(且其关于合数 N 的雅可比(Jacobi)符号为 +1)。

著名的 Goldwasser-Micali 加密方案就是基于二次剩余假设判定的困难性而设计的。在这里为了便于说明，我们可以使用该方案来加密一个长度为 1 比特的明文 m：

首先生成一个由两个大素数相乘而得的合数 N = p*q、一个 x，并满足 x 关于 p 和 q 的勒让德(Legendre)符号都为-1(这样做的目的是为了使 x 关于 N 的雅可比符号为 1，并且是关于 N 的二次非剩余)，最终生成的公钥为<N, x>，私钥为<p, q>。

其次，在加密阶段，加密者随机生成一个模 N 乘法群元素 y，如果 m 为 0，输出密文 c = y，它是关于 N 的一个二次剩余；如果 m 为 1，输出密文 c = y*x，它是关于 N 的一个二次非剩余，且它关于 N 的雅可比符号为 1。

最后，在解密阶段，解密者利用私钥判定 c 是否为关于 N 的二次剩余，如果是，则还原明文为 0，否则还原明文为 1。而对于仅知道密文和公钥的敌手来说，根据假设，他们将无法破译明文的具体内容。

4. 计算合数模 N 的平方根的困难性

在已知 N 的分解形式的情况下，计算合数模 N 的平方根是简单的；但是在不知道 N 的分解形式时，计算关于合数模 N 的平方根则是困难的。

> 命题：如果整数分解假设是困难的，那么计算合数模平方根也是困难的。

基于计算合数模的平方根的困难性，Rabin 在 1979 年提出了一个加密方案，它形式上与 RSA 方案类似。但是由于上述命题成立，Rabin 方案的安全性是基于整数分解的困难性的。对于 RSA 加密而言，目前并不知道是否有类似的结论，而 RSA 问题有可能比整数分解问题要简单；Goldwasser-Micali 加密方案也是如此，在不用分解 N 的情况下有可能判定模 N 的二次剩余。事实上，RSA 方案比 Rabin 方案的应用更加广泛，这似乎是由于历史因素而不是技术因素。

5. 判定复合剩余假设

这个假设是与整数分解问题相关的密码学假设，但并不知道是否等同于整数分解假设。Pallier 在 1999 年设计了一个公钥加密方案，该方案中消息不是按比特位加密。与 Goldwasser-Micalli 加密方案以及可证明安全的 Rabin 变体方案相比，Paillier 加密方案更加高效。更重要的是，Pailler 加密方案还拥有很好的同态属性——加法同态性。随着云计算的发展，同态加密适用于解决数据的密态处理，极具应用前景。

为节省篇幅，将不对该假设与对应的加密方案进行介绍，而是简单地对同态属性的优越性进行说明。例如，统计者需要采集并计算某项用户数值数据的总和，而用户担心统计者会趁机泄露他们的隐私。此时，同态属性允许统计者通过对用户数据密文的特定操作实现对数值总值的计算，而无需获取任何用户的数据的明文(即隐私数据)。

2.4.3　离散对数求解假设

公钥密码体制在学界普遍被认为是美国密码学家贝利·维特尔菲尔德·迪菲(Bailey Whitfield Diffie)和马丁·爱德华·赫尔曼(Martin Edward Hellman)发明的，但较少人知道，在他俩提出思想之前的 1975 年，有一位名叫拉尔夫默克尔(Ralph Merkle)的学者也提出了类似的思想。尽管文章在 1978 年才发表，但由于投稿较早，因此可以认为，公钥密码体制应该是他们三个人的结晶。但他们只是提出了一种关于公钥密码体制和数字签名的思想，并没有真正实现。他们真正实现的是一种体现了公钥密码体制思想、基于离散对数问题的、在不安全通道上进行交易的新技术。本节将围绕离散对数问题展开讨论。

在整数中，离散对数(Discrete Logarithm)是一种基于同余运算和原根的一种对数运算。而在实数中，对数的定义是指对于给定的 a 和 b，有一个数 x 满足 $x = \log_b a$，即 $b^x = a$。同样地，在任何群 G 中均可为所有整数 k 定义一个幂数为 b^x，而离散对数 $\log_b a$ 是指使得 $b^x = a$ 的整数 k。

离散对数在一些特殊情况下可以进行快速运算，但在一般情况下无法十分有效地计算出结果。公钥密码体制运用到离散对数难解的性质来构造公钥密码体制，步骤如下：

(1) A 和 B 先约定公共的 $q = 2739 * (7149 - 1) / 6 + 1$ 和 $g = 7$。

(2) A 选随机数 a，计算 $7^a \pmod{q}$，且将其送给 B(注：a 不能向外泄漏)；B 将收到：$7^a = 127402180119973946824269244334322849749382042586931621654557735290322914679095998681860978813046\&59516645545814428058807676603381$。

(3) B 选随机数 b，计算 $7^b \pmod{q}$，且将其送给 A(注：b 不能向外泄漏)；A 将收到：$7^b = 180162285287453124447828348367998950159670\&466953466973130251\&2173405995377205847595817691062538069210165184866236213793\&4026803049$。

此时 A 和 B 都能计算出密钥 $7^{ab}(\text{mod } q)$，但别人不太容易算出，因为别人不知道 a 和 b。有兴趣的读者不妨将此作为一个练习，试着计算出 $7^{ab}(\text{mod } q)$ 的值。

2.4.4　公钥算法原理

公钥算法采用两种不同的密钥(公钥和私钥)来进行加密和解密，这两把钥匙是成对存在的，公钥是从私钥中提取出来并公开给网络中所有人的。如果用公钥进行加密，只有对应的私钥才能够解密，反之亦然。简单公钥算法的常见流程如图 2-8 所示。

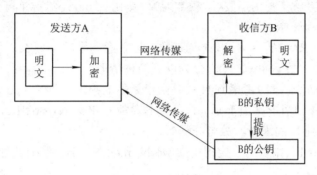

图 2-8　公钥算法常见流程图

发送方 A 要向收信方 B 发送信息，A 和 B 都要产生一对用于加密和解密的公钥和私钥。A 的私钥要保密，只把自己的公钥告诉 B；B 的私钥也要保密，只把自己的公钥告诉 A。当 A 要给 B 发送信息时，A 用 B 的公钥加密信息，接着将这个消息发给 B (已经用 B 的公钥加密消息)；当 B 收到这个消息后，用自己的私钥解密 A 的消息；其他所有收到这个报文的人都无法解密，因为只有 B 才有 B 的私钥。

2.4.5　常见算法

公钥算法的常见算法包括 RSA、ElGamal、椭圆曲线、SM2 等，下面分别加以介绍。

1. RSA 算法

RSA 是经典的公钥算法，1978 年由 Ron Rivest、Adi Shamir、Leonard Adleman 共同提出，三人于 2002 年因此获得图灵奖。算法利用了对大数进行质因子分解困难的特性，但目前还没有数学证明两者难度等价，或许存在未知算法在不进行大数分解的前提下解密。根据公钥算法原理，RSA 加解密的所需参数如下所示：

- **公钥**　n：两素数 p 和 q 的乘积(p 和 q 必须保密)
　　　　　　e：与 (p−1)(q−1) 互素
- **私钥**　d：$e^{-1}(\text{mod }(p-1)(q-1))$
- **加密**　$c = m^e \bmod n$
- **解密**　$m = c^d \bmod n$

仅有一个安全的密码算法是不够的，整个密码系统必须是安全的，密码协议也必须是安全的。如果这三个方面中任意一个环节出了问题，整个系统就是不安全的。在实际应用基于各种数学难题的一系列非对称加密算法的过程中，这一点尤其需要注意。

1) 使用 RSA 的限制

根据与 RSA 相关的一系列攻击，使用 RSA 时应注意以下几点：

(1) 知道了对于一个给定模数的一个加/解密密钥指数对，攻击者就能分解这个模数。

(2) 在通信网络中，利用 RSA 的协议不应该使用公共模数。

(3) 消息应用随机数填充，以避免对加密指数的攻击。

(4) 解密指数应该足够大。

下文将给出一个针对第一点问题的攻击方法：

假设已知一个加/解密密钥指数对，模数为 N，则由 $ed \bmod \phi(N) = 1$ 可得 $ed - 1 = k\phi(N)$，即求得了 $\phi(N)$ 的一个倍数。

令 $k\phi(N)$ 为 R，$R = 2^s r$，$s >= 1$，r 为奇数，取任意非零的 $w \in Z_N$，利用欧几里得算法求 w 与 N 的最大公约数 $gcd(w, N)$，分为以下两种情形：

(1) $gcd(w, N) \neq 1$。此时考虑到 N 仅是两个素数的乘积，即 $N = pq$，因此 N 的因子只有 1、p、q、N 这 4 种情形。由于 $w \neq 1$，$w \neq N$，故 $gcd(w, N) = p$ 或 q。也就是说，可以在多项式时间内找到 N 的因子，故可分解 N。

(2) $gcd(w, N) = 1$。由费马小定理可知 $w\phi(N) \bmod N = 1$，则有(此处的^为乘方运算，上标值也为乘方运算)：

$$w^{\wedge}(2^s r) \bmod N = 1$$

由 s>=1 可知

$$(w^{\wedge}(2^{(s-1)}r)-1)*(w^{\wedge}(2^{(s-1)}r)+1) \bmod N = 0$$

可分为下面两种情形讨论：

· 若 $(w^{\wedge}(2^{(s-1)}r)-1) \bmod N \neq 0$，且 $(w^{\wedge}(2^{(s-1)}r)+1) \bmod N \neq 0$，但考虑到 $(w^{\wedge}(2^{(s-1)}r)-1)*(w^{\wedge}(2^{(s-1)}r)+1)$ 能被 N 整除，则 $gcd(w^{\wedge}(2^{(s-1)}r)-1, N)$ 的计算结果或者等于 p，或者等于 q。因此可在多项式时间内分解 N。

· 若 $(w^{\wedge}(2^{(s-1)}r)-1) \bmod N = 0$，此时在 s-1>=1 时仍可以进行分解，即有

$$(w^{\wedge}(2^{(s-2)}r)-1)*(w^{\wedge}(2^{(s-2)}r)+1) \bmod N = 0$$

因此可进行类似讨论：取 t = s-1, s-2, …, 2, 1，在 $(w^{\wedge}(2^{(t)}r)-1) \bmod N = 0$ 时，考察是否有：

$$(w^{\wedge}(2^{(t-1)}r)-1) \bmod N \neq 0 \quad 且 \quad (w^{\wedge}(2^{(t-1)}r)+1) \bmod N \neq 0$$

在这个过程中，只要找到一个满足上述表达式的 t，即可在多项式时间内分解 N。

但是在此过程中，若存在这样一个 t，使 $(w^{\wedge}(2^{(t)}r)-1) \bmod N \neq 0$ 且 $(w^{\wedge}(2^{(t)}r)+1) \bmod N = 0$，则此时没有分解 N 的一般方法。因而此时选择的 w 对分解 N 没有任何帮助，可以另取一个非零、不同的 w 属于 Z_N，重复以上过程。

2) RSA 的参数选择

同时，RSA 在参数选择方面也有一系列规则，以保证 RSA 体制在实际应用中不被攻破。

(1) N 的选择。

在 RSA 密码体制中，模数 N 是两个大素数 p 和 q 的乘积，因此关键就在于素因子 p 和 q 要适当选择，以保证因子分解在计算上是不可行的。

- p 和 q 必须为强素数。

一个素数 p 若满足下列三个条件，则此素数为强素数：① p-1 有大素数因子，记为 r；② p+1 有大素数因子；③ r-1 有大素数因子。

在选择素因子 p 和 q 时，要选择强素数，因为只有强素数 p 及 q 的乘积所构成的 N，其因子分解才是较难的数学问题。若 N = pq 且 p-1 有许多小的素因子时，可以用 Pollard p-1 因子分解法，以便快速分解 N。

- p 和 q 的差必须很大。

当 p 和 q 的差很小时，在给定 N = pq 的情况下，可先求出 N/2，然后在其附近搜索 p 及 q。

(2) 加密密钥 e 的选择。

在应用 RSA 密码体制时，有时为了快速加密，会选择相对较小的加密密钥 e。例如 3 曾在实际中被作为加密密钥使用，这是因为采用 3 作为加密密钥时，在进行加密运算时，只需要一次模乘法运算和一次模平方运算；同时密钥的存储空间也非常小。但是当加密密钥 e 太小时，却可能有以下的弱点：

- 密文 $c = m^3 \bmod N$。若 $m^3 < N$，则在加密时无需进行模 N 运算，因此这时 c 仅为立方数，将 c 直接开立方即可获取明文。

- 低指数攻击。设网络中有 3 个用户，其公开密钥均采用 e = 3，而其模数分别为 N_1、N_2、N_3。若有一个人欲传递相同的明文给此 3 人，将其加密后的密文分别为

$$c_1 = m^3 \bmod N_1, c_2 = m^3 \bmod N_2, c_3 = m^3 \bmod N_3$$

若 N_1、N_2、N_3 是两两互素的，则根据中国剩余定理，攻击者可由 c1、c2、c3 求出

$$c = m^3 \bmod N_1N_2N_3$$

由于 m 小于 N_1、N_2、N_3，故 $c = m^3$ 也小于 $N_1N_2N_3$，因此由 c 开立方即可求出明文 m。

因此，在实际应用 RSA 密码体制时，e 不能太小。选择 e 为 16 位以上的素数时，即可避免低指数攻击。

(3) 解密密钥 d 的选择。

尽管解密密钥 d 较小时可以加快解密速度，但太小的话，敌手会通过已知明文穷举法或是连分数攻击法(由 Wiener 提出)解得未公开的解密密钥 d。

2. ElGamal 算法

ElGamal 算法是 1984 年斯坦福大学学者特瑟·埃尔贾马尔(Tather ElGamal)提出的一种公钥体制，其原理是利用模运算下求离散对数困难的特性，广泛应用于 PGP 等安全工具中。根据公钥算法原理，ElGamal 的加解密所需参数如下所示：

- **公钥**　p：素数(可由一组用户共享)

　　　　　$g < p$ (可由一组用户共享)

　　　　　$y = g^x \pmod p$

- **私钥**　$x < p$

- **加密**　k：随机选择，与 p-1 互素

　　　　　$a(密文) = g^k \bmod p$

　　　　　$b(密文) = y^k M \bmod p$

- **解密**　$M(明文) = b/a^x \bmod p$

3. 椭圆曲线加密算法

ECC 是现代备受关注的算法系列，基于对椭圆曲线上特定点难以进行特殊乘法逆运算的特性。最早在 1985 年由华盛顿大学数学教授尼尔·科布利茨(Neal Koblitz)和维克多·米勒(Victor Miller)分别独立提出。ECC 系列算法一般被认为具备较高的安全性，但加解密计算过程往往比较费时。

4. SM2(ShangMi2)算法

SM2 为国家商用密码算法，由国家密码管理局于 2010 年 12 月 17 日发布。SM2 算法基于椭圆曲线算法，加密强度优于 RSA 系列算法。

非对称加密算法一般适用于签名场景或密钥协商，但不适于大量数据的加解密。目前普遍认为 RSA 类算法可能会在不远的将来被破解，一般推荐采用安全强度更高的椭圆曲线系列算法。

2.4.6　密钥交换协议

Diffie–Hellman(以下简称 DH)密钥交换协议是一个经典的协议，最早提出于 1976 年，是一种交换密钥的特殊方法，也是密码学领域里最早被应用的密钥交换方法之一。DH 可以让互不了解、缺乏信任的双方通过不安全的信道达成一个共享密钥。

DH 算法的安全性依赖于计算离散对数的困难程度。离散对数在 2.4.3 章中做了具体介绍，这里再取一个例子应用于 DH 中。

假设 p 是一个素数，g 和 x 是整数，通常情况下计算 $y = g^x \bmod p$ 非常容易。但是如果反过来，先知道 p、g 和 y，要求出一个满足 $y = g^x \bmod p$ 的 x(离散对数)是非常困难的。因此把反求离散对数的过程称为"离散对数问题"。比如已知 $15 = 3^x \bmod 17$，则计算出来 x 值为 6。

p 和 g 的选择对于此类系统的安全性非常重要。为了保证无法求解离散对数问题，p 应为很大的素数，且(p−1)/2 也应该是素数。G 是 p 的原根(Primitive Root)，也就是说，整数数列$(g^0 \bmod p, g^1 \bmod p, g^2 \bmod p, \cdots, g^{p-1} \bmod p)$由 p 个不同的元素组成。

此时来看 DH 算法的应用。假如艾丽丝和鲍勃想拥有一个共用的密钥，但是他们之间的信道并不安全，可能会被黑客 Tom 看到。基于以上情况，如何交换信息才能够保证安全，不会被黑客 Tom 看见呢？以下是 DH 协议的方案步骤：

(1) 首先艾丽丝和鲍勃先对 p 和 g 达成一致，并公开在网络环境中；此时 Tom 也会知道 p 和 q 的值。

(2) 艾丽丝取一个私密的整数 a(不让任何人知道)，计算出 $A = g^a \bmod p$，然后将结果 A 发给鲍勃；这时网络中的 Tom 也看到了 A 的值。

(3) 鲍勃也同样取一私密的整数 b，计算出 $B = g^b \bmod p$，然后将 B 发给艾丽丝；同样地，Tom 也会看见传递的 B 是什么值。

(4) 艾丽丝计算出 $S = B^a \bmod p = (g^b)^a \bmod p = g^{ab} \bmod p$。

(5) 鲍勃也能计算出 $S = A^b \bmod p = (g^a)^b \bmod p = g^{ab} \bmod p$。

(6) 艾丽丝和鲍勃现在就拥有了一个共用的密钥 S。

(7) 虽然 Tom 知道了 p、g、A、B，但是鉴于计算离散对数的困难性，他无法知道 a 和 b 的具体值，所以无从知晓密钥 S 是什么。

2.5　认 证 技 术

认证技术包括消息认证和身份认证。消息认证是指对消息的完整性认证，其含义是一个"用户"检验他收到的文件是否遭到第三方有意或无意的篡改。根据应用对象的不同，"用户"的概念可以是文件的接收者、文件的阅读者或者是一个登陆的设备。

身份认证是让验证者相信正在与之通信的另一方就是所声称的那个实体身份，认证的目的是防止伪装。身份认证协议是一个实时的过程，即协议执行时证明者确实在实际地参与，并执行协议规定的动作。仅在成功完成协议时，验证者才确信证明者的身份。

本节分别讲述认证技术中用于消息认证的消息验证码和数字签名(其中数字签名在有效防篡改和保障签约身份认证上发挥着重要的作用)、身份认证机制的种类与运作原理以及认证技术与公钥算法在区块链技术中的作用。

2.5.1　哈希消息认证码

哈希消息认证码全称是"基于 Hash 的消息认证码"(Hash-based Message Authentication Code，HMAC)，其基于哈希算法，可以用于对消息完整性(Integrity)进行保护。类似的定义还有 MAC(Message Authentication Code，消息验证码)，使用包括对称密码、序列密码在内的其他方法保护消息的完整性。

哈希消息认证码一般用于证明身份的场景。如爱丽丝、鲍勃提前共享 HMAC 的密钥和哈希算法，爱丽丝需要知晓对方是否为鲍勃，可发送随机消息给鲍勃。鲍勃收到消息后进行计算，把消息的 HMAC 值返回给爱丽丝；爱丽丝通过检验收到 HMAC 值的正确性可以知晓对方是否是鲍勃。**注意**：这里并没有考虑中间人攻击的情况，假定信道是安全的。

哈希消息认证码和消息验证码在使用过程中的主要问题是需要通信双方共享密钥。当密钥可能被多方拥有时，无法证明消息来自某个确切的身份。反之，如果采用非对称加密方式，则可以追溯到来源身份，即数字签名。

哈希消息认证的基本过程为：对某个消息利用提前共享的对称密钥和 Hash 算法进行加密处理，得到 HMAC 值；该 HMAC 值持有方可以证明自己拥有共享的对称密钥，并且也可以利用 HMAC 确保消息内容未被篡改。与单向散列函数不同，用户可以使用 HMAC 来确定他的文件是否已改动或者是否感染了病毒，然后计算出文件的 HMAC 并将其存入某个表中。如果用户采用单向散列函数，在感染病毒后，病毒可计算出被篡改文件的新散列值并用它代替表中的对应值。而在使用 HMAC 的情况下，病毒会因为没有 HMAC 所需的密钥而无法做到这一点。

典型的 HMAC 算法包括 K、H、Message 三个因素，K 为提前共享的对称密钥，H 为提前商定的 Hash 算法(一般为公认的经典算法，如 SHA-256)，Message 为要处理的消息内容。如果不知道 K 或 H 的任何一个，则无法根据 Message 得到正确的 HMAC 值。

但在对称加密信息传输方案中，MAC 仍起到了鉴别加密信息来源、信息完整性的重要作用。具有相应需求的 MAC 加密模式被称为带关联数据的加密(Authenticated Encryption With Associated Data，AEAD)。AEAD 将关联数据绑定到密文，以便检测和抵御将有效密文"剪切并粘贴"并进行重放攻击的尝试。

　　GCM 就是一种满足 AEAD 范式的加密模式。如图 2-9 所示，GCM 来自于 AES 的 CTR(计数器)模式。GCM 是 GMAC(基于伽罗华域的 MAC，哈希秘钥为 H = $E_k(0^{128})$)和 AES 的 CTR 模式的组合。GCM 模式并不需要把上一个数据块的计算结果输入到下一个数据块的计算，而是在分好的数据块中的任意位置开始计算，由一个计数器和一个不变的 IV 值(nonce)来控制每一次计算的随机性。由于下一次的计算并不依赖于上一次的结果，所以 GCM 模式可以实现大规模的并行化。

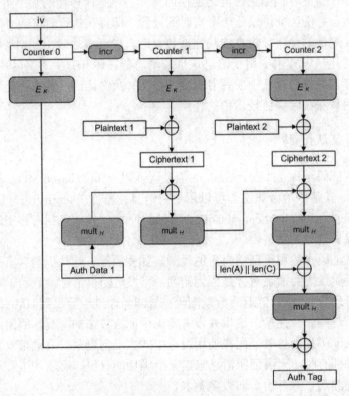

图 2-9　GCM 加密模式流程图

　　GCM 模式还可以提供附加消息的完整性校验。在实际应用场景中，有些信息是不需要保密的，但信息的接收者需要确认它的真实性，如源 IP、源端口、目的 IP、IV 等。因此，我们可以将这一部分作为附加消息加入到 MAC 值的计算当中。

2.5.2　数字签名

　　与在纸质合同上签名确认合同内容和证明身份类似，数字签名基于非对称加密，既可以用于证实某数字内容的完整性，也可以用于确认来源(或不可抵赖性，Non-Repudiation)。

　　例如，爱丽丝通过信道发给鲍勃一个文件(一份信息)，鲍勃如何获知所收到的文件即为爱丽丝发出的原始版本？爱丽丝可以先对文件内容进行摘要，然后用自己的私钥对摘要进行加密(签名)，之后同时将文件和签名都发给鲍勃；鲍勃收到文件和签名后，用爱丽丝的公钥来解密签名，得到数字摘要，并与收到文件进行摘要后的结果进行比对；如果一致，说明该文件确实是爱丽丝发过来的(别人无法拥有爱丽丝的私钥)，并且文件内容没有被修改过(摘要结果一致)。

1. 普通数字签名算法

知名的数字签名算法包括 RSA、DSA (Digital Signature Algorithm，数字签名算法)和安全强度更高的 ECDSA (Elliptic Curve Digital Signature Algorithm，椭圆曲线数字签名算法)等。

1) RSA

一个朴素的 RSA 签名方案如下所示：

设 p、q 是两个大素数，$N = pq$，消息空间和签名空间为 $P = A = Z_N$，密钥空间为 $K = \{(N, p, q, e, d) \mid N = pq，ed = 1 \bmod \phi(N)\}$，N、e 公开，p、q、d 保密，则对 $\forall m \in P$，$k = (N, p, q, e, d) \in K$ 定义如下：

签名算法为

$$Sigk(m) = m^d \bmod N$$

验证算法为

$$Verk(m，y) = true \leftrightarrow m = y^e \bmod N$$

然而这种以解密算法直接作为签名算法的朴素签名方案存在明显漏洞。首先由于 RSA 密码体制的特点，在应用 RSA 数字签名时，需要考虑对 RSA 密码的同态攻击。

由朴素 RSA 签名方案可知，若对消息 m_1、m_2 的签名分别是 y_1、y_2，则对消息 m_1*m_2 的签名就是 $y_1*y_2 \bmod N$，利用这一特性可以对朴素 RSA 签名/加密体制实施比较有效的攻击。

假设在 RSA 公钥密码体制中，用户 A 的公钥为 (N, e_A)，解密秘钥为 d_A，设其对明文 m 的加密结果为 c，攻击者为 C。攻击者想通过截获的密文 c 恢复出明文 m，可以执行以下步骤：

(1) 随机选择一个随机数 r，利用用户的公开密钥计算出 $r^\wedge(e_A) \bmod N$，再利用截获的密文计算出 $u = cr^\wedge(e_A) \bmod N$。

(2) 将 u 发送给用户 A，要求用户 A 对其进行签名。

(3) 用户 A 利用自己的签名密钥 d_A 对消息 u 进行签名，得到签名为 $y = u^\wedge(d_A) \bmod N$，并将其发送给 C。

(4) C 收到用户 A 对消息 u 的签名 y 后，求出 $r^{-1} \bmod N$，再计算 $y^{r-1} \bmod N$，即可恢复明文 m。

攻击者 C 之所以可成功恢复明文 m，这是因为在上述的第(3)步中，用户 A 对消息 u 进行签名的结果为

$$y = u^\wedge(d_A) \bmod N = (c(r^\wedge e_A) \bmod N)^\wedge d_A = mr \bmod N$$

攻击的关键在于用户 A 对消息 u 未作任何处理就进行了签名。解决这一隐患的方法之一就是先对消息进行哈希处理，再对哈希值进行签名操作。

上述例子表明，尽管使用非对称加密的解密操作与加密操作分别作为数字签名中的

签名算法和验证算法能够确保任何人均可验证签名的正确性(用于加密操作的公钥是公开的)以及其他人无法伪造签名(用于解密操作的私钥仅为签名者所有),但它却也同时使攻击者有了可乘之机。

实际上,在特定的通信协议环境下,无论所使用的非对称加密的具体原理是什么,这么做都会使攻击者通过精心构造一个恶意载荷(Payload)来破译密文信息。

2) DSA

假设存在这样一个附带确认信息功能的协议,每当鲍勃接收到信息后,他再会把它发送回发送者作为接收确认。这套协议使用同一个算法进行数据加密/解密和签名生成/校验,而且数字签名操作是加密操作的逆过程——$V(校验)_X = E(加密)_X$,并且 $S(签名)_X = D(解密)_X$,过程如下:

(1) 爱丽丝用她的私人密钥对消息进行签名,再用鲍勃的公开密钥加密,然后传给鲍勃:$E_B(S_A(M))$。

(2) 鲍勃用他的私人密钥对消息进行解密,并用爱丽丝的公开密钥验证签名,由此验证确实是爱丽丝的签名,并恢复信息:$V_B(D_B(E_B(S_A(M)))) = M$。

(3) 鲍勃用他的私人秘钥对消息进行签名,用爱丽丝的公开密钥加密,再把它发送回爱丽丝:$E_A(S_B(M))$。

(4) 爱丽丝用她的私人密钥对消息进行解密,并用鲍勃的公开密钥验证鲍勃的签名。如果接收的消息与她传给鲍勃的相同,她就知道鲍勃准确地接收到了她所发送的信息。

假设马洛里是持有自己公开密钥和私人密钥的协议用户。为了获取步骤(1)中加密信息 $E_B(S_A(M))$ 的明文,他可以将该信息重新发送给鲍勃并声称信息是马洛里发送来的。鲍勃按照步骤(2)进行操作,继而得到了一条意义不明的消息

$$E_M(D_B(E_B(D_A(M)))) = E_M(D_A(M))$$

即使如此,鲍勃继续执行协议,并且将收据发送给马洛里:

$$E_M(D_B(E_M(D_A(M))))$$

马洛里只需要用私钥对收据信息进行解密,对应收据信息中 E_M 的逆操作;用鲍勃的公钥加密,对应收据信息中 D_B 的逆操作;再用自己的私人密钥解密,对应收据信息中 E_M 的逆操作;最后用爱丽丝的公钥解密,对应收据信息中 D_A 的逆操作就可以获取明文信息。

因此,安全的协议应该是加密和数字签名操作稍微不同,要做到这一点,可采用以下几种方法,如每种操作使用不同的密钥或使用不同的算法;采用时间标记,使输入信息和输出信息不同;此外,用哈希函数的数字签名也能解决这个问题。

3) ECDSA

椭圆曲线数字签名算法(ECDSA)作为一种基于椭圆曲线公钥密码体制的数字签名方案,与基于有限域上的离散对数问题或大整数分解问题的密码体制相比,在同等安全条件下有更短的密钥,并在以太坊技术中被用于生成用户的交易签名,是交易消息认证机制中的重要一环。

为理解椭圆曲线公钥密码体制,我们首先要对椭圆曲线加法有初步的认识。

椭圆曲线是域上亏格为 1 的光滑射影曲线。对于特征不等于 2 的域，它的仿射方程可以写成

$$y^2 = x^3 + ax^2 + bx + c$$

由于整体域上的椭圆曲线是有限生成交换群，因此能够用群的加法规则完成对椭圆曲线中各点的计算，并给出以下的运算法则：

运算法则一： 如图 2-10 所示，任意取椭圆曲线上两点 P、Q(若 P、Q 两点重合，则做 P 点的切线)，过 P、Q 做直线交于椭圆曲线的另一点 R'，过 R' 做 y 轴的平行线交于 R，规定 P+Q = R。这里的加法不是实数中普通的加法，而是从普通加法中抽象出来的加法，它具备普通加法的一些性质，但具体的运算法则与普通加法不同。

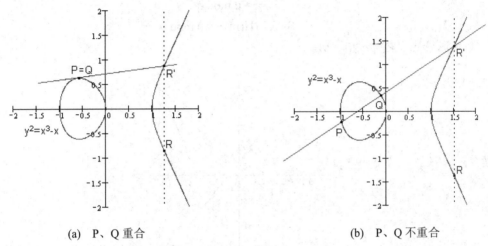

(a)　P、Q 重合　　　　　　　　　(b)　P、Q 不重合

图 2-10　椭圆曲线加法计算示例

运算法则二： 如图 2-11 所示，对于椭圆曲线上任意一点 P，存在椭圆曲线无穷远点 O∞，两者的连线交于 P'，过 P' 作 y 轴的平行线交于 P，所以有无穷远点 O∞ + P = P。这样，无穷远点 O∞ 的作用与普通加法中零的作用相当，我们把无穷远点 O∞ 称为零元，同时我们把 P' 称为 P 的负元(简称负 P，记作，−P)。

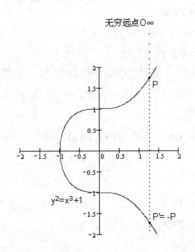

图 2-11　椭圆曲线无穷远点与负元示例

运算法则三：如果椭圆曲线上的三个点 A、B、C 处于同一条直线上，那么它们的和等于零元，即 A+B+C=O∞。

运算法则四：k 个相同的点 P 相加记作 kP。如图 2-12 所示，P+P+P=2P+P=3P。

设 p 是一个大素数或是 2 的幂次方，E 是定义在 Fp(阶为 p 的有限域)上的椭圆函数曲线。设 P 是椭圆曲线 E 上阶为 q 的点，选取一个秘密的密钥 x，其对应的公钥为 Y=xP，H(·)是一个安全的哈希函数。若要对消息 m 进行签名，则其签名算法为：

(1) 选取一个秘密的随机数 k，$1 \leqslant k \leqslant (q-1)$;

(2) 计算如下公式：

$$kP = (u, v)$$
$$r = u \bmod q$$
$$S = k^{-1}(H(m) + rx) \bmod q$$

则对消息 m 的签名为(r, s)。

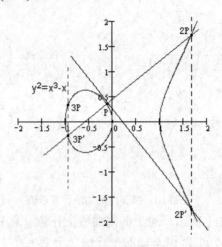

图 2-12　椭圆曲线相同点加法示例

验证算法为：

(1) 计算中间量 $w = s^{-1} \bmod q$；

(2) 计算中间量 $u_1 = H(m)w \bmod q$；

(3) 计算中间量 $u_2 = rw \bmod q$；

(4) 验证以下方程是否成立，若成立则接受该签名，否则拒绝签名

$$令(x_1, y_1) = u_1P + u_2Y，并满足 x_1 \equiv r \bmod q$$

该式之所以成立，是因为

$$u_1P + u_2Y = (H(m)w \bmod q)P + (rwx \bmod q)P = (ksw \bmod q)P = kP = (u, v)$$
$$u \equiv r \bmod q$$

2. 特殊数字签名算法

除普通的数字签名应用场景外，针对一些特定的安全需求，还有一些特殊数字签名技术，包括盲签名、多重签名、群签名、环签名等。

1) 盲签名

盲签名(Blind Signature)是在 1982 年由 Digicash 创始人大卫·乔姆(David Chaum)在论文《Blind Signatures for Untraceable Payment》中提出的。盲签名是指签名者需要在无法看到原始内容的前提下对信息进行签名。

盲签名可以实现对所签名内容的保护，防止签名者看到原始内容；另一方面，盲签名还可以实现防追踪(unlinkability)，签名者无法将签名内容和签名结果进行对应。盲签名的典型算法包括 RSA 盲签名算法等。

2) 多重签名

多重签名(Multiple Signature)是指在 M 个签名者中，收集到至少 W 个($J \geqslant W \geqslant 1$)的签名，才认为合法。其中，M 是提供的公钥个数，W 是需要匹配公钥的最少的签名个数。

多重签名可用于多人投票共同决策的场景中。例如双方进行协商，第三方作为审核方，三方中任何两方达成一致即可完成协商。比特币交易支持多重签名，可以实现多个人共同管理某个账户的比特币交易。

3) 群签名

群签名(Group Signature)是指某个群组内一个成员可以代表群组进行匿名签名。群签名可以验证消息来自于该群组，却无法准确追踪到签名的是哪个成员。

在群组中添加新的群成员需要得到群管理员的同意，因此存在群管理员可能追踪到签名成员身份的风险。群签名最早于 1991 年由大卫·乔姆和尤金·范·黑斯(Eugene van Heyst)提出。

4) 环签名

环签名(Ring Signature)由 Rivest、Shamir 和 Tauman 三位密码学家在 2001 年首次提出。环签名属于一种简化的群签名，签名者首先选定一个临时的签名者集合，集合中包括签名者自身；然后签名者利用自己的私钥和签名集合中其他人的公钥就可以独立地产生签名，而无需他人的帮助。签名者集合中的其他成员可能并不知道自己被包含在最终的签名中。环签名在保护匿名性方面更具优势。

2.5.3　身份认证的类别与运作原理

身份认证分为弱认证和强认证两种类型。

1. 弱认证

弱认证是使用口令、口令段、口令驱动的密钥作为用户身份凭证的认证方式。

登录者要访问一个系统资源时往往要提供用户名和口令。系统经核查属实后，允许该登录者访问系统资源。一般系统的口令文件中存放的是口令的哈希值。对口令的原始攻击方法是穷举所有的口令，从中找出正确的口令。在实际使用中用户往往选择短小和容易记忆的口令，因此安全性较差。将口令从一个字扩展成一段文字或几个句子，称之为口令段。输入口令段后系统不是简单地截取，而是把由哈希函数生成固定长度的哈希值作为用户口令。

固定口令的安全隐患是窃听，窃听者其后可以重用这个口令。一次性口令在一定程度上解决了这个问题。所谓一次性口令就是每个口令只使用一次。这对于抵抗窃听之后企图伪装的被动攻击者而言是有效果的。

一次性口令可使用单向函数实现，下面简单介绍 Lamport 一次性口令方案的实施步骤：

(1) 在初建阶段确定单向函数 H，设允许用户 A 进行身份认证的次数为 t。用户 A 随机选择一个秘密的 w，计算 $w_0 = H_t(w)$(H_t 表示连续进行 t 次单项函数计算)，并将 w_0 安全地传送给系统，然后系统将用户 A 的计数器 i_A 初始化为 1。

(2) 系统与用户 A 进行第 i (i = 1, 2, ···, n)次认证时，用户 A 计算 $w_i = H_{t-i}(w)$，并将 A、i、w_i 发送给系统。系统核查 i_A 是否等于 i，$H(w_i)$ 是否等于 w_{i-1}。若成功，则认证用户 A 完成。如果 $i_A = t$，则系统与用户将用新的 w 重新开始；否则，系统将用户 A 的计数器 i 加 1 并保存 w_i，以便下一次身份认证时使用。

(3) 由于 H 的单向性，攻击者不知道 w，而 $H(w_{i+1}) = w_i$，因此由 $w_j (j \leq i)$ 得不到 w_{i+1}，无法假冒用户 A。

2. 强认证

强认证是通过向验证者展示与证明者实体有关的秘密知识来证明自己的身份。在协议执行过程中，即使通信线路完全被监控，对方也不会从中得到关于证明者秘密的信息。强认证也被称为挑战和应答识别，挑战是指一方将随机秘密选取的数发送给另一方，而应答是对挑战的回答；应答应该与实体的秘密及对方挑战相关。下文将介绍基于密码学的强身份认证方案。

(1) 利用对称密码实现双向强身份认证机制。记 E 是分组密码算法，用户 A 与 B 共享密钥 K。

第一步：B 选取随机数 r_B 发送给 A。

第二步：A 选取随机数 r_A 作为挑战，计算 $E_K(r_A, r_B, ID_B)$ 发送给 B。

第三步：B 解密得到 (r_A, r_B)，经核实正确，知道 A 为掌握密钥 K 的实体，再计算 $E_K(r_A, r_B)$ 发送给 A。

第四步：A 解密得到 (r_A, r_B)，经核实正确，知道 B 为掌握密钥 K 的实体，双向身份认证完成。

(2) 利用非对称密码实现强身份认证机制有两种方法：一是验证者用证明者的公钥加密"挑战"，二是证明者对验证者发出的"挑战"进行数字签名。P_A 表示 A 的公钥加密，S_A 表示 A 的私钥签名。

用第一种方法实现 B 和 A 双向实体认证的步骤是：

第一步：证明者 A 产生秘密值 r_1，计算 $a = P_B(r_1, A)$ 发送给 B。

第二步：验证者 B 用私钥解密 a，求出 r_1' 和 A'，验证 A' = A；选择 r_2，计算 $b = P_A(r_1', r_2)$ 发送给 A。

第三步：证明者 A 用私钥解密 b，求出 r_1'' 和 r_2''，验证 $r_1'' = r_1$。验证成功说明对方是 B，并将 r_2'' 发送给 B。

第四步：验证者 B 验证 $r_2'' = r_2$，验证成功说明对方是 A。

用第二种方法实现 B 和 A 双向实体认证的步骤是：

第一步：验证者 B 选择随机数 r_1 并发送给 A。

第二步：证明者 A 选择随机数 r_2，计算签名 $S_A(r_2, r_1, B)$，并连同 r_2 发送给 B。

第三步：验证者 B 从 A 的公钥证书得到 A 的公钥，用它验证 A 的签名，验证成功说明对方是 A。计算签名 $S_B(r_1, r_2, A)$，并发送给 A。

第四步：证明者 A 从 B 的公钥证书得到 B 的公钥，用它验证 B 对 r_1、r_2、A 的签名，验证成功说明对方是 B。

2.5.4　公钥算法与认证技术在区块链中的应用

1. 公钥算法与认证技术在比特币中的应用

在比特币中，每个用户都有一对密钥(公钥和私钥)。比特币系统中是使用用户的公钥作为交易账户的，如图 2-13 所示。

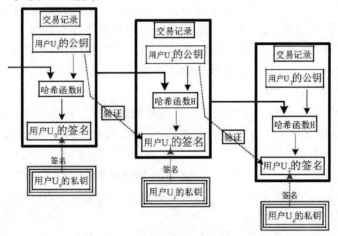

图 2-13　公钥算法应用

从图中可以看到，第一笔交易记录是用户 U_0 来发起的交易，要将代币支付给用户 U_1。这一过程是怎么实现的呢？

(1) 用户 U_0 写好交易信息：Data(明文，例如，用户 U_0 转账 100 元给用户 U_1)。

(2) 用户 U_0 使用哈希算法将交易信息进行计算，得出 H = Hash(data)；然后再使用自己的私钥对 H 进行签名，即 S(H)，以防止交易信息被篡改。

(3) 基于区块链网络，将签名 S(H) 和交易信息 Data 传递给用户 U_1。

(4) 用户 U_1 使用用户 U_0 的公钥对 S(H) 进行解密，就得到了交易信息的哈希值 H_1。

(5) 用户 U_1 使用哈希算法对交易信息 Data 进行计算，得出 H_2 = Hash(data)。

(6) 对比上面两个哈希值，如果 $H_1 == H_2$，则交易合法，说明用户 U_0 在发起交易的时候确实拥有真实的私钥，有权发起该交易。

(7) 网络中每一个节点都可以参与上述的验证步骤。

这就是比特币中一次交易的签名流程，将哈希算法与非对称算法结合在一起，用于比特币交易的数字签名。

除此之外，在比特币中，公私钥的生成、比特币地址的生成也是由非对称加密算法来保证的。

2. 公钥算法与认证技术在以太坊中的应用

以太坊技术通过预编译合约的方式(Precompiled Contract)为所有智能合约提供了验证签名功能的函数接口，并允许用户远程/本地调用以太坊相关函数库进行签名操作。该签名机制建立在 secp256k1 椭圆曲线加密方案之上，主要方法包括 ECDSASIGN(签名函数)、ECDSARECOVER(校验函数)和 ECDSAPUBKEY(公钥生成函数)，如图 2-14 所示。

$$ECDSAPUBKEY(p_r \in B_{32}) \equiv p_u \in B_{64}$$

$$ECDSASIGN(e \in B_{32}, p_r \in B_{32}) \equiv (v \in B_1, r \in B_{32}, s \in B_{32})$$

$$ECDSARECOVER(e \in B_{32}, v \in B_1, r \in B_{32}, s \in B_{32}) \equiv p_u \in B_{64}$$

图 2-14 三种函数

p_u 是公钥，设为大小为 64 的字节数组(由两个正数串联而成，每个整数 $< 2^{256}$)；p_r 是私钥，大小为 32 的字节数组(满足先前提到的整数范围)；e 是待签名的数值；v 是恢复标识符，是一个 1 字节的值，说明指定曲线点坐标的奇偶性和有限性。v 值的范围是[27, 30]，除了可以说明点坐标的奇偶性以外，还可以表示无穷值点和无效数值两种情况。

ECDSARECOVER 返回的 P_u 值代表能够生成该签名的对应密钥对中的公钥，而非直接检验某个签名是否为某对秘钥所签。

ECDSAPUBKEY 函数的功能是根据用户的私钥值生成用户公钥值。对于给定私钥 P_r，以太坊账号地址 $A(P_r)$(一个 160 比特长的数值)为其所对应公钥的 Keccak 哈希值的右 160 比特值，即

$$A(P_r) = B_{96..255}(KEC(ECDSAPUBKEY(p_r)))$$

相应地，在对一个交易进行"签名"前，需要序列化交易化数据并生成哈希值，即执行序列化操作函数 L_S，如下所示：

$$L_s(T) = \begin{cases} (T_n, \ T_p, \ T_g, \ T_t, \ T_v, \ p) \mid (v \in \{27, \ 28\}) \\ (T_n, \ T_p, \ T_g, \ T_t, \ T_v, \ p, \ chain\_id, \ (), \ ()) \mid 其他 \end{cases}$$

$$p \equiv \begin{cases} T_i \mid (T_t = 0) \\ T_d \mid 其他 \end{cases}$$

$$h(T) \equiv KEC(L_s(T))$$

其中 T_n 是交易发起用户的现时(Nonce)；T_p 是该交易指定的交易价格；T_g 是预付的交易数量；T_t 是交易的目标用户；T_v 是交易的转移金额；p 是交易附加内容；v 是一个临时参数，可用来决定具体的签名方案；T_i 与 T_d 分别为待创建合约的初始化代码和交易附带的关联数据，分别对应用户创建合约、用户调用合约两种行为；h(T)则是交易生成的哈希值，用于如下的签名操作：

$$(T_w, T_r, T_s) = ECDSASIGN(h(T), p_r)$$

由此，便生成了签名值参数 T_w(对应函数返回值中的 v)、T_r、T_s。交易验证者可以将这些参数与签名校验功能 ECRECOVER 结合起来使用，以检验交易是否确由某个用户发起。

本 章 小 结

　　本章围绕区块链中的信息安全技术，对密码学知识点进行了详细讲解。从介绍信息安全的五大特征开始，依次介绍了对称密码和公钥密码技术，在公钥密码技术中详细讲解了包括大整数因子分解问题、离散对数求解问题和密钥交换协议等重要知识，着重阐述了哈希算法和 Merkle 树技术。本章不只介绍了加密算法，还详细讲解了区块链如何借助哈希算法、公钥算法以及认证技术实现数据的完整性、可用性、互相认证、可追溯、不可否认等安全特性。相信通过对本章的学习，读者朋友们对区块链系统的密码学知识会有进一步的了解。

第3章　超级账本

从企业应用场景角度来看。由于目前使用的商业账本存在许多不足之处，如效率低下、成本高、不透明且容易发生欺诈和滥用等，给企业财务管理带来诸多不便。这些问题源于集中化的、基于信任的第三方系统，比如各类金融机构，以及现有制度安排下的其他中介。为解决这一问题，分布式账本技术应运而生。超级账本作为分布式账本的一种应用，用来记录网络参与者之间的交易(比如资产或数据的交换)，并在网络成员之间实现共享、复制和同步。

值得注意的是，账本中数据的记录和更新需要共识的原则来制约彼此，并没有第三方机构来参与。而随着区块链项目的不断推陈出新，越来越多的区块链平台孕育而生，如比特币的链、以太坊的链、EOS 的链等。如果比特币的用户想使用以太坊的智能合约，就必须付费到以太坊的链中，比特币无法在以太坊的智能合约中使用。如何跨链进行交易和记账已经成为亟待解决的问题。

超级账本项目是首个面向企业应用场景的开源分布式账本平台，它的目标功能就是把不同行业、不同领域的企业和联盟的区块链无缝连接起来，使不同行业打破壁垒，进行可信交易，并降低商业跨域交易和中介成本。

本章将对超级账本项目的发展历史、社区组织、顶级项目、系统架构和超级账本组成模型等展开介绍。

【学习目标】

➢ 了解超级账本；
➢ 了解超级账本的社区和项目；
➢ 了解超级账本的系统架构和组成模型。

3.1　超级账本介绍

超级账本项目是一个旨在推动区块链跨行业应用的开源项目，由 Linux 基金会在 2015 年12 月主导发起，成员包括金融、银行、物联网、供应链、制造和科技行业的领头羊，涵盖了 30 家初始企业成员(包括 IBM、Accenture、Intel、J.P.Morgan、R3、DAH、DTCC、FUJITSU、HITACHI、SWIFT、Cisco 等)，他们共同宣布了超级账本(Hyperledger)联合项目成立。超级账本项目为透明、公开、去中心化的企业级分布式账本技术提供了开源规范和标准，并推动了区块链和分布式账本相关协议、规范和标准的发展，让更多的应用能更加方便地建立在区块链技术之上。本节将围绕超级账本的项目以及超级账本特有的频道功能展开介绍。

3.1.1 项目简介

超级账本成立之初，就收到了众多的开源技术贡献。IBM 贡献了 4 万多行已有的 Open Blockchain 代码，Digital Asset 贡献了企业和开发者相关资源，R3 贡献了新的金融交易架构，Intel 也贡献了分布式账本相关的代码。

作为一个联合项目(Collaborative Project)，超级账本由面向不同目的和场景的子项目构成，目前包括 Fabric、Sawtooth、Iroha、Blockchain Explorer、Cello、Indy、Composer、Burrow 等八大顶级项目。所有项目都遵守 Apache v2 许可协议(Apache Licence 是著名的非盈利开源组织 Apache 采用的协议，该协议鼓励代码共享和尊重原作者的著作权，允许将代码修改后作为开源或商业软件再行发布)，并约定共同遵守如下的基本原则：

(1) 重视模块化设计：包括交易、合同、一致性、身份、存储等技术场景。

(2) 重视代码可读性：确保新功能和模块都可以很容易地实现添加和扩展。

(3) 可持续的演化路线：随着需求的深入和更多应用场景的出现，将不断增加和演化新的项目。

超级账本的企业会员和技术项目发展都非常迅速，如图 3-1 所示。

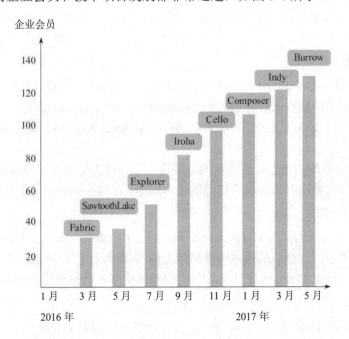

图 3-1　超级账本项目快速成长

如果说以比特币为代表的数字货币提供了区块链技术应用的原型，以以太坊为代表的智能合约平台延伸了区块链技术的功能，那么进一步引入权限控制和安全保障的超级账本项目则开拓了区块链技术的全新领域。超级账本首次将区块链技术引入到了分布式联盟账本的应用场景，为未来基于区块链技术打造高效率的商业网络打下了坚实的基础。

超级账本项目的出现实际上宣布区块链技术已经不仅局限在单一应用场景中，也不仅局限在完全开放的公有链模式下，区块链技术已经正式被主流企业市场认可并在实践中采用。同时，超级账本项目中提出和实现了许多创新的设计和理念，包括完备的权限和审查管理、细粒度隐私保护以及可拔插、可扩展的实现框架，这对于区块链相关技术和产业的发展都将产生深远的影响。

3.1.2　超级账本概述

HyperLedger Fabric 是超级账本上的区块链项目之一。跟其他区块链技术相同，HyperLedger Fabric 也有账本，也使用智能合约，是一个由参与者共同管理的系统。

但与其他区块链系统不同的地方是，超级账本是私有的，它不是一个开放的系统，所有的参与者必须是已经注册过身份的组织。

超级账本还提供了可插拔的组件，账本的数据可以用多种格式存储。此外，超级账本协商一致的机制可以被转换和输出为多种格式，使其在各个区块链分布式账本中使用执行。

超级账本也提供了创建频道的功能，它允许一些参与者创建一个他人不知道的单独账本。这对于两个互为竞争关系的网络来说是一个非常重要的功能，网络中交易一方不想自己的每笔交易都被所有参与者们获得。例如，他们会向其中一些参与者提供优惠价格，而不是所有参与者。如果有两个参与者形成一个频道，那么这些参与者都将获得该频道单独的分类账本。

1. 共享账本

共享的许可制账本 (Shared Permissioned Ledger) 是仅可附加的记录系统 (System Of Record，SOR) 和单一事实来源。它对业务网络的所有参与成员均可见。

超级账本有一个分类子系统，由世界状态(World State)和事务日志(Transaction Log) 两个部分组成。

世界状态描述总账的状态，是账本的数据库；事务日志记录导致当前世界状态值改变的日志。每一个参与者都有一份属于自己的账本副本，存储在他们所属的超级账本网络上。

2. 智能合约

超级账本的智能合约是用 Chaincode(链码)编写的。Chaincode 支持数种语言编程，目前支持的是 Go 语言，在今后的版本中会新增 java 等其他语言。

在大多数情况下，Chaincode 只与总账的数据库交互，例如世界状态。

3. 隐私

超级账本网络中的参与者是企业节点，而企业商业信息是非常敏感的内容，因此超级账本把使用频道技术来保护隐私作为该区块链网络的核心目标之一。

4. 共识

事务必须按照它们发生的顺序写入账本中。通过前两章的学习，我们已经知道了对于比特币来说，排序是通过"挖矿"来实现的。对于 PBFT(拜占庭式容错)来说，它可以为文件副本提供一种相互通信的机制，来保持副本间的一致性。

超级账本的共识机制目前包括 Solo 和 Kafka 两种。网络启动者可以选择一种最能代表参与者之间关系的共识机制。

3.2　社区组织结构

每一个成功的开源项目都离不开一个健康、繁荣的社区。超级账本社区自成立之日起就借鉴了众多开源社区组织的经验，形成了以技术开发为主体、积极面向应用的体系结构。

超级账本社区的项目开发工作由技术委员会(Technical Steering Committee，TSC)指导，首任主席由来自 IBM 开源技术部的 CTO　克里斯·费理斯(Chris Ferris)担任，管理委员会主席则由来自 Digital Asset Holdings 的 CEO 布莱斯·马斯特斯(Blythe Masters)担任。另外，自 2016 年 5 月起，Apache 基金会创始人布莱恩·贝伦多夫(Brian Behlendorf)开始担任超级账本项目的首位执行总监(Executive Director)。

社区十分重视大中华地区的应用落地和开发情况。2016 年 12 月，"大中华区技术工作组"正式成立，负责推动本土社区组织建设以及相关的技术发展和应用工作。

3.2.1　基本结构

超级账本社区目前主要是三驾马车领导的结构，如图 3-2 所示。

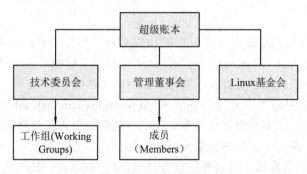

图 3-2　三驾马车结构

技术委员会(Technical Steering Committee，TSC)：负责技术相关的工作。技术委员会下设多个工作组，负责带动各个项目和研究方向的发展。

管理董事会(Governing Board)：负责社区组织的整体决策，从超级账本会员中推选出代表。

Linux 基金会(Linux Foundation，LF)：负责基金管理，协助 Hyperledger 社区在 Linux 基金会的支持下发展。

3.2.2　大中华区技术工作组

随着开源精神和开源文化在中国的普及，越来越多的企业和组织开始意识到共同构建一个健康生态系统的重要性，也愿意为开源事业做出一定的贡献。

Linux　基金会和超级账本社区十分重视项目在大中华区的应用和落地情况，并希望能为中国技术人员贡献开源社区提供便利。在此背景下，超级账本首任执行董事布莱恩·贝伦多夫于 2016 年 12 月 1 日提议成立"大中华区技术工作组"(TWG-China)，并得到了 TSC

成员们的一致支持和通过。

技术工作组的主要职责包括如下：

(1) 带领和引导中国内地的技术相关活动，包括贡献代码、指南文档、项目提案等。

(2) 推动相关技术的交流，促进会员企业之间的合作和实践案例的落地，通过邮件列表、RocketChat、论坛等方式促进社区开发者们的技术交流。

(3) 协助举办社区活动，如 Meetup、黑客松、Hackfest、技术分享、人员培训等。

目前，工作组由来自 IBM、万达、华为等超级账本成员企业的数十名技术专家组成，并得到了社区众多志愿者的支持。工作组的各项会议和活动内容都是开放的，可以在 Wiki 首页上找到相关参与方式。

3.3　顶级项目介绍

超级账本(Hyperledger)所有项目代码都托管在 Gerrit 和 GitHub(只读，自动从 Gerrit 上同步)上，目前主要包括 Fabric、Composer、Sawtooth、Iroha、Burrow、Blockchain Explorer、Cello、Indy 八个顶级项目，下面分别加以介绍。

3.3.1　Fabric 项目

Fabric 是最早加入到超级账本项目中的顶级项目，包括 Fabric、Fabric CA、Fabric SDK(包括 Node.Js、Python 和 Java 等语言)和 fabric-api 等，目标是区块链的基础核心平台，支持 PBFT 等新的共识机制，支持权限管理，最早由 IBM 和 DAH 等企业于 2015 年底提交到社区。项目在 GitHub 上，地址为 http://github.com/hyperledger/fabric。

该项目的定位是面向企业的分布式账本平台，创新地引入了权限管理支持，设计上支持可插拔、可扩展，是首个面向联盟链场景的开源项目。

Fabric 基于 Go 语言实现，目前提交次数已经超过 5000 次，核心代码超过 8 万行。

Fabric 项目目前处于活跃状态，已发布 1.0 正式版本，同时包括 Fabric CA、Fabric SDK 等多个相关的子项目。

3.3.2　Composer 项目

Composer 项目提供面向链码开发的高级语言支持，可自动生成链码，由 IBM 团队于 2017 年 3 月底贡献到社区，试图提供一个 Hyperledger Fabric 的开发辅助框架。使用 Composer，开发人员可以使用 JavaScript 语言定义应用逻辑，再加上资源、参与者、交易等模型和访问规则，生成 Hyperledger Fabric 支持的链码。

该项目主要由 NodeJs 语言开发，目前已有超过 4000 次提交。

3.3.3　Sawtooth 项目

Sawtooth 项目包括 arcade、core、dev-tools、validator、mktplace 等，支持全新的、基于硬件芯片的共识机制 Proof of Elapsed Time(PoET)。Sawtooth 项目由 Intel 等企业于 2016 年

4 月提交到社区。核心代码在 GitHub 上，地址为 http://github.com/hyperledger/sawtooth-core。

　　该项目的定位也是分布式账本平台，基于 Python 语言实现，目前提交次数已经超过 3000 次。

　　Sawtooth 项目利用 Intel 芯片的专属功能，实现了低功耗的 Proof of Elasped Time (PoET) 共识机制，并支持交易族 (Transaction Family)，方便用户使用它来快速开发应用。

3.3.4　Iroha 项目

　　Iroha 是账本平台项目，基于 C++ 实现，带有不少面向 Web 和 Mobile 的特性项目。Iroha 由 Soramitsu 等企业于 2016 年 10 月提交到社区。核心代码在 GitHub 上，地址为 http://github.com/hyperledger/iroha。

　　该项目的定位是分布式账本平台框架，基于 C++ 语言实现，目前提交次数已经超过 2000 次。

　　Iroha 项目在设计上类似 Fabric，同时提供了基于 C++ 的区块链开发环境，并考虑了移动端和 Web 端的一些需求。

3.3.5　Burrow 项目

　　Burrow 项目提供以太坊虚拟机的支持，实现支持高效交易的带权限的区块链平台，由 Monax、Intel 等企业于 2017 年 4 月提交到社区。核心代码在 GitHub 上地址为 http://github.com/hyperledger/burrow。

　　该项目的前身为 eris-db，基于 Go 语言实现，目前提交次数已经超过 1000 次。

　　Burrow 项目提供了支持以太坊虚拟机的智能合约区块链平台，并支持 Proof-of-Stake 共识机制和权限管理，可以提供快速的区块链交易。

3.3.6　Blockchain Explorer 项目

　　Blockchain Explorer 项目提供 Web 操作界面，可通过界面快速查看查询绑定区块链的状态 (区块个数、交易历史) 信息等。Blockchain Explorer 项目由 Intel、DTCC、IBM 等企业于 2016 年 8 月提交到社区。核心代码在 GitHub 上，地址为 http://github.com/hyperledger/blockchain-explorer。

　　该项目的定位是区块链平台的浏览器，基于 Node.js 语言实现，提供 Web 操作界面。用户可以使用它来快速查看底层区块链平台的运行信息，如区块个数、交易情况、网络状况等。

3.3.7　Cello 项目

　　Cello 提供区块链平台的部署和运行时管理功能。使用 Cello，管理员可以轻松部署和管理多条区块链，应用开发者亦无需关心如何搭建和维护区块链。Cello 项目由 IBM 技术团队于 2017 年 1 月贡献到社区。GitHub 仓库地址为 http://github.com/hyperledger/cello (核心代码) 和 http://github.com/hyperledger/cello-analytics (侧重数据分析)。

　　该项目的定位为区块链管理平台，同时提供区块链即服务 (Blockchain-as-a-Service)，实现区块链环境的快速部署，以及对区块链平台的运行管理。使用 Cello，可以让区块链应用人员专注到应用开发，而无需关心底层平台的管理和维护。

Cello 的主要开发语言为 Python 和 JavaScript 等，底层支持包括裸机、虚拟机、容器云(包括 Swarm、Kubernetes)等多种基础架构。

3.3.8　Indy 项目

Composer 提供基于分布式账本技术的数字身份管理机制，项目由 IBM 团队于 2017 年 3 月底贡献到社区，试图提供一个 Hyperledger Fabric 的开发辅助框架。使用 Composer，开发人员可以使用 JavaScript 语言定义应用逻辑，再加上资源、参与者、交易等模型和访问规则，生成 Hyperledger Fabric 支持的链码。

该项目主要由 NodeJs 语言开发，目前已有超过 4000 次提交。

这些顶级项目之间相互协作，构成了完善的生态系统，如图 3-3 所示。

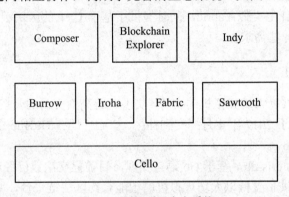

图 3-3　顶级项目生态系统

任何希望加入到超级账本社区中的项目，必须首先由发起人编写提案，描述项目的目的、范围和开发计划等重要信息，并由技术委员会来进行评审投票；评审通过则可以进入到社区内进行孵化；项目成熟后可以申请进入到活跃状态，发布正式的版本，最后从社区中退出并结束。

3.4　超级账本系统架构

区块链的业务需求多种多样，其中一些业务要求在快速达成网络共识及快速确认区块后立刻将区块加入区块链中；另一些业务可以接受相对缓慢的处理时间，以换取信任。各行各业在扩展性、可信度、合法性、工作复杂度以及安全性等方面的需求和用途都不尽相同。我们先来看一下企业级区块链系统中常见的模块构成，如图 3-4 所示。

从图 3-4 中可以看到一些常用的功能模块有应用程序、成员管理、智能合约、账本、共识机制、事件机制、系统管理等。纵轴代表用户或者开发者关心的内容，越往上代表用户越关注的内容，比如应用程序和钱包等；越靠下代表开发者越关注的内容(模块)，比如事件机制。横轴则是从时间维度来看的，左边是一开始关注的功能，右边则是随时间推移逐渐扩展和添加的功能。

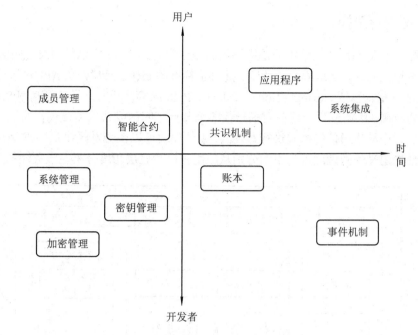

图 3-4　企业级区块链系统的常用功能

Hyperledger Fabric 1.0 是一种通用的区块链节点技术，其设计目标是利用一些成熟的技术实现分布式账本技术(Dirtributed Ledger Technology，DLT)。超级账本采用模块化架构设计，复用通用的功能模块和接口。模块化的方法带来了可扩展性、灵活性等优势，会减少模块修改、升级带来的影响，适用于区块链应用系统的开发和部署。Hyperledger Fabric 1.0 设计有以下几个特点：

(1) 模块插件化。很多功能模块(如 CA 模块、共识算法、状态数据库存储等)都是可插拔的，系统提供了通用接口和默认的实现方法，这满足了大多数业务需求。这些模块也可以根据需求进行扩展，集成到系统中。

(2) 充分利用容器技术。在 Hyperledger Fabric 1.0 中，不仅节点使用容器作为运行环境，链码也默认运行在安全的容器中。应用程序或者外部系统不能直接操作链码，必须通过背书节点提供的接口转发给链码来执行。容器给链码运行提供的是安全沙箱环境，可把链码的环境和背书节点的环境隔离开，即使链码存在安全问题也不会影响到背书节点。

(3) 可扩展性强。Hyperledger Fabric 1.0 在 0.6 版本的基础上，对 Peer 节点的角色进行了拆分，有背书节点(Endorser)、排序服务节点(Orderer)、记账节点(Committer)等，不同角色的节点有不同的功能。节点可以加入到不同的通道(Channel)中，链码可以运行在不同节点上，这样可以更好地提升并行计算的效率和吞吐量。

(4) 安全性好。Hyperledger Fabric 1.0 提供的是授权访问的区块链节点网络，节点共同维护成员信息，MSP(Membership Service Provider，成员资格提供程序)模块验证、授权后用户才能使用区块链网络的功能。多链和多通道的设计容易实现数据隔离，也提供了应用程序和链码之间的安全通道，实现了隐私保护。

3.4.1　系统逻辑架构

超级账本在架构设计上采用的是模块化的设计理念。图 3-5 所示的系统逻辑架构图是从不同角度来划分的，上层从应用的角度，提供了标准的 gRPC 接口，在 API 的基础上封装了不同语言的 SDK，包括 Golang、Node.js、Java、Python 等，开发人员可以利用 SDK 开发基于区块链的应用。区块链强一致性要求导致各个节点之间达成共识需要较长的执行时间，应用程序也是采用异步通信的模式进行开发的，事件模块可以在触发区块事件或者链码事件的时候执行预先定义的回调函数。下面分别从应用程序和底层角度分析应该关注的几个要素。

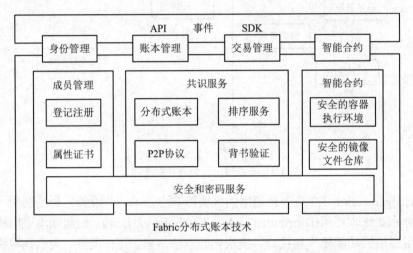

图 3-5　Hyperledger Fabric 1.0 设计的系统逻辑架构图

1. 从应用程序角度分析

1) 身份管理

用户登记并注册成功后，会得到用户注册证书(ECert)，其他所有操作都需要使用用户证书关联的私钥进行签名。发送消息时，消息接收方首先会进行签名验证，之后才进行后续消息处理。网络节点同样会用到颁发的证书，比如系统启动和网络节点管理等都会对用户身份进行认证和授权。

2) 账本管理

授权的用户是可以查询账本数据(Ledger)的。账本数据可以通过多种方式查询，包括根据区块号查询区块、根据区块哈希值查询区块、根据交易号查询区块、根据交易号查询交易，还可以根据通道名称获取查询到的区块链信息。

3) 交易管理

账本数据只有通过交易执行才能更新。应用程序通过交易管理提交交易提案(Proposal)并获取交易背书(Endorsement)以后，再给排序服务节点提交交易；然后打包生成区块 SDK 提供接口，利用用户证书在本地生成交易号。背书节点和记账节点都会校验是否存在重复交易。

4) 智能合约

智能合约可实现可编程账本(Programmable Ledger)，通过链码执行提交的交易，实现基于块链的智能合约业务逻辑。只有智能合约才能更新账本数据,其他模块是不能直接修改状态数据(World State)的。

2. 从底层角度分析

下面我们从 Hyperledger Ledger1.0 的底层角度来看,分布式账本技术是如何给应用程序提供区块链服务的。

1) 成员管理

MSP (Membership Srevice Provider)对成员管理进行了抽象。每个 MSP 都会建立一套根信任证书(Root of Trust Certificate)体系,利用公钥基础设施(Public Key Infrastructure)对成员身份进行认证,验证成员用户提交的请求签名;结合 Fabric-CA 或者第三方 CA 系统,提供成员注册功能,并对成员身份证进行管理,例如证书的新增和撤销。注册的证书分为注册证书(ECert)、交易证书(TCert)和 TLS 证书(TLS Cert),它们分别用于用户身份、交易签名和 TLS 传输。

2) 共识服务

在分布式节点环境下,共识服务要实现同一个链上不同节点区块的一致性,同时要确保区块里的交易有效和有序。共识机制包括 3 个阶段:客户端向背书节点提交提案,进行签名背书;客户端将背书后的交易提交给排序服务节点进行交易排序;生成区块后广播给记账节点验证交易后写入本地账本。网络节点的 P2P 协议采用的是基于 Gossip 的数据分发,以同一组织为传播范围来同步数据,提升网络传输的效率。

3) 链码服务

智能合约的实现依赖于安全的执行环境,以确保安全的执行过程和用户数据的隔离。Hyperledger Fabric1.0 采用 Docker 管理普通的链码,提供安全的沙箱环境和镜像文件仓库。Docker 方案的优点是支持多种语言的链码,扩展性很好;其缺点是对环境要求较高,占用资源较多,性能不高等,实现过程中也存在与 Kubernetes、Rancher 等平台的兼容性问题。

4) 安全和密码服务

安全问题是企业级区块链关心的问题,尤其在涉及国家安全的项目中,其中底层的密码学支持尤其重要。为此,Hyperledger Fabric1.0 专门定义了一个 BCCSP(Block Chain Cryptographic Service Provider,区块链加密服务提供者),以实现密钥生成哈希运算签名、检验加密解密等基础功能。BCCSP 是一个抽象组的接口,默认是软实现的国际算法,目前社区和较多的厂家使用较多的是国密算法和 HSM(Hardware Security Module,硬件安全模块)。

3.4.2 超级账本系统运行架构

在超级账本运行架构 0.6 版本中,基本所有的业务功能都由 Peer 节点完成,导致该架构在扩展性、安全性、可维护性、隔离性方面的不足。因此在后来的 1.0 版本中,官方对此进行了改进和拆分,把共识服务从 Peer 节点中剥离出来,形成一个新的 Orderer 节点,以提供可插播共识服务。更重要的是 1.0 版本引入了多通道的功能,实现了多重业务隔离的作用,使业务适应性更加灵活。Fabric 运行架构 1.0 版如图 3-6 所示。

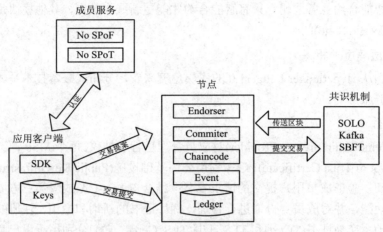

图 3-6　超级账本运行架构

超级账本提供了可供企业运用的网络，具备安全性、可伸缩性、可加密性和可执行性等特性，并提供了以下网络功能：

1. 身份管理

超级账本提供成员身份管理服务，用于管理所有的用户 ID 并对网络上所有的成员身份进行验证。成员们相互了解彼此的身份，但他们不知道彼此在做些什么，这也保证了其隐私信息的安全性和机密性。

2. 隐私和机密性

由于商业信息的机密性等原因，隐私保护功能在超级账本里是非常重要的一点。超级账本允许存在竞争关系的商业机构和任何私人团体能够在同一个被许可的网络上共存。私有频道是一个受到限制的消息传递路径，这个路径可以为特定的网络成员提供事务的隐私功能和保证商业信息的机密性。

3. 高效处理能力

超级账本通过节点类型分配网络角色，从事务排序和提交验证中分离出执行事务的操作，使并行控制和并行性操作更加便利。

在排序之前，执行事务使每个对等节点能够同时处理多个事务。这种事物的并发执行方式提高了每个对等节点处理事务的效率，加速了排序事务的交付工作。

4. Chaincode 功能

Chaincode 是区块链上的应用代码，从"智能合约"概念中扩展而来。系统 Chaincode 是一个特殊的 Chaincode，它定义了整个频道的操作参数、生命周期和配置系统以及频道的规则、验证和支持事务的需求。

3.4.3 网络节点架构

节点是网络区块链的通信主体，是一个逻辑概念。节点分为很多类型，包括客户端节点、Peer 节点、排序服务节点和 CA 节点等。多个不同类型的节点可以运行在同一物理服务器上。图 3-7 所示为网络节点架构图。

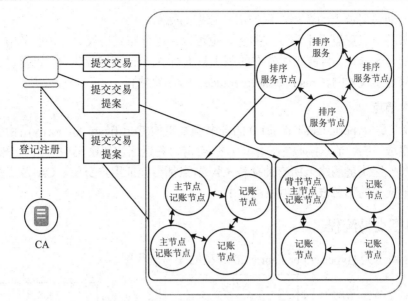

图 3-7 网络节点架构图

下面我们详细解释图 3-7 所示的不同节点的类型。

1. 客户端节点

客户端或者应用程序是最终用户操作的实体，它必须连接到某一个 Peer 节点或者排序服务节点上才能在区块链网络中进行通信。客户端节点向背书节点(Endorser)提交交易提案(Transaction Proposal)。当收集到足够多的背书后，客户端节点会向排序服务传播交易，进行排序，生成区块。

2. Peer 节点

所有的 Peer 节点都是记账节点(Committer)，负责验证排序服务节点区块里的交易，维护状态数据和账本的副本。部分 Peer 节点执行交易并对结果进行签名背书，充当背书节点的角色。背书节点是动态的角色，是被具体链码绑定的。每个链码在实例化的时候都会设置背书策略，指定哪些节点在交易背书后才是有效的。Peer 节点只有在应用程序向它发起交易背书请求的时候才是背书节点，其他时候它们就是普通的记账节点，只负责验证交易并记账。

图 3-7 所示的 Peer 节点还有一种角色是主节点(Leader Peer)，它是代表排序服务节点通信的节点，负责从排序服务节点处获取最新的区块并在组织内部同步。主节点可以强制设置，也可以通过动态选举产生。

在图 3-7 中还可以看到，有的节点同时是背书节点和记账节点，也可以同时是背书节点、主节点和记账节点，还可以只是记账节点。在后面的章节中，有的地方会用记账节点代表普通 Peer 节点。

3. 排序服务节点

排序服务节点(Ordering Service Node 或者 Orderer)负责接收包含背书签名的交易，对未打包的交易进行排序，生成区块后广播给 Peer 节点。排序服务节点提供的是原子广播(Atomic Broadcast)，保证同一个链上的节点接收到相同的消息，并且有相同的逻辑顺序。

排序服务节点的多通道(MultiChannel)实现了多链的数据隔离，保证只有同一个链的

Peer 节点才能访问链上的数据，保护用户数据的隐私。

排序服务节点可以采用集中式服务，也可以采用分布式协议。排序服务节点可以实现不同级别的容错处理，目前正式发布的版本只支持 Apache Kafka 集群，可提供交易排序的功能，但只能实现 CFT(Crash Fault Tolerance，故障容错)。

4. CA 节点

CA 节点是 Hyperledger Fabric1.0 的证书颁发机构(Certificate Authority)，由服务器和客户端组件组成。CA 节点接收客户端的注册申请，并返回注册密码用于用户登录，以便获取身份证书。区块链网络上所有的操作 CA 节点都会验证用户身份。CA 节点是可选的，可以是其他成熟的第三方 CA 颁发的证书。

3.4.4　典型交易流程

图 3-8 所示为 Hyperledger Fabric1.0 典型的交易流程图。

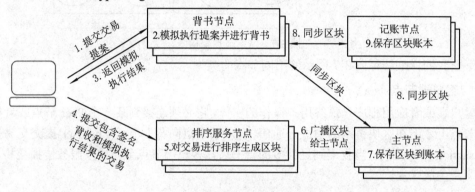

图 3-8　交易流程总图

从 3.4.3 节的网络节点架构中，我们已经了解到基于 Hyperledger Fabric 1.0 的区块链应用涉及应用程序、背书节点、排序服务节点和主节点几个节点角色。假定各节点已经提前颁发好证书，且已正常启动，并加入已经创建好的通道，通过图 3-8 可以清晰了解在已经实例化的链码通道上，从发起一个调用交易到最终记账的全过程所需的步骤。

3.5　超级账本的组成模型

本节主要讲述超级账本的关键设计特性，并从资产、智能合约、账本特征、隐私频道、成员安全、共识机制等方面介绍如何实现一个全面的、良好的企业级区块链方案。

3.5.1　资产

资产包括房地产、货物等有形资产和合同、知识产权等无形资产。超级账本具有使用智能合约交易修改资产的功能。

在超级账本中，资产以键值对集合的方式存在，在频道模式中，可以通过对其状态提交变更事务来修改资产。使用超级账本中的 Composer 工具可以很容易地定义和使用应用程序中的资产。

3.5.2　智能合约

智能合约是定义资产和修改资产的事务指令的软件，也就是一个频道的业务逻辑，拥有能够读取和修改键值对操作的规则。智能合约通过一个事务请求来执行对相应数据库的操作，完成后会生成一组读写集。这组读写集会被提交给网络排序服务节点，再由排序服务节点广播给所有的对等节点。

3.5.3　账本特征

在 Fabric 中产生的所有针对数据状态变更的请求，都会生成有序且无法篡改的记录存在账本里面。数据状态的变更是由所有参与方认可的智能合约调用事务的结果，每个事务都将产生一组资产键值对。这些键值对作为创建、更新或删除的操作被同步到所有账本上。

账本由区块链组成，每一个区块中都存储着一组有序且不可篡改的记录，由一个状态数据库来维护当前的 Fabric 状态。每个频道都有且只有一个账本，该频道中的每个加盟成员都维护同一份账本。

超级账本采用背书/共识(Endorsement/Cosensus)模型，交易执行和区块验证是在不同角色的节点中分开执行的。交易执行是并发的，这可以提高系统扩展性和网络吞吐量。在背书节点(Endorsing Peer)处交易执行链码(Chaincode)，在所有的 Peer 节点上验证交易并提交。

每个 Peer 节点会维护多个账本，如图 3-9 所示。

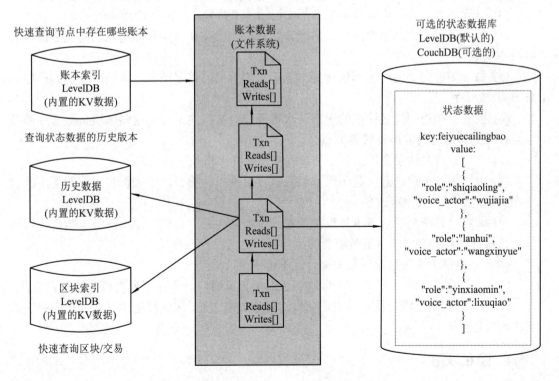

图 3-9　分布式账本存储

1. 超级账本的元素

超级账本包含以下元素：

- 账本编号：快速查询存在哪些账本；
- 账本数据：实际的区块链存储；
- 区块索引：快速查询区块/交易；
- 状态数据：最新的世界状态数据；
- 历史数据：跟踪键的历史。

每个 Peer 节点会维护 4 个 DB，它们分别是：idStore，用于存储 chainID；stateDB，用于存储 world state；historyDB，用于存储 key 的版本变化；blockIndex，用于存储 block 索引。

在实际的 Chaincode 环境中，对于查询功能，除了简单的键值对查询，我们往往还有如下两个需求：

- 富查询：对数据的某一个属性进行查询，获取所有满足条件的数据，例如获取所有颜色为红色的汽车信息。
- 区间查询：对一个范围内的键值进行查询，获取数据，例如获取单号在 005 至 008 之间的订单信息。

2. 超级账本的特征

超级账本的特征可总结如下：

(1) 使用基键(键查询)、范围查询及组合键查询等方法可对账本执行查询和更新操作。

(2) 使用富查询语言的只读查询(如果使用 CouchDB 作为状态数据库)。

(3) 只读历史查询：可以查询账本历史记录，支持数据溯源等应用情景。

(4) 每一条请求的结果都由通过智能合约读取的读集和智能合约写入的写集的键值的多版本组成。

(5) 每一条被提交的请求都包含提交该请求的节点的签名证书，并同时提交到排序服务节点。

(6) 同一个频道中的区块里的所有请求事务都会被排序，并且这些区块会被排序服务节点广播到该频道内的所有对等节点。

(7) 对等节点对请求事务的验证依靠背书策略并严格执行该策略。

(8) 每添加一个块之前，超级账本都要执行版本控制检查，以确保被读取的资产的状态在链代码执行之后没有改变。

(9) 即将执行变更的请求事务集在新增到一个区块之前必须要做一次版本验证，以确保被读取的资产状态集在本条智能合约执行时间之前没有改变过。

(10) 一旦请求事务被验证且提交，就不可篡改。

(11) 一个频道的账本包含一个区块生成的配置策略、访问控制列表和其他相关信息。

(12) 考虑到频道将会从不同的证书机构得到加密文件，因此频道中拥有成员服务提供者(MSP)实例。

3.5.4 隐私频道

超级账本在每个频道上都拥有一个不可篡改的账本，一个账本被限制在一个频道的范围内。它可以在整个网络中共享，也可以被私有化。每个账本只包含一组特定的参与者。

如果只包含一组特定的参与者，这些参与者将会创建一个单独的频道，以便于将它们的事务和账本隔离出来。但为了满足在公开透明的情况下保护隐私的目的，智能合约只能部署在需要访问资产状态和执行读写操作的对等节点上。假如一个智能合约没有安装在对等节点上，它就无法调用账本暴露出去的接口。

智能合约中存储的数据会使用 AES 等通用算法加密，然后将事务发送给排序节点，并将生成的区块追加到账本上。在此之后，这些数据只能被拥有相应密钥的用户解密。

3.5.5 成员安全性

超级账本支持参与者拥有自己的身份，而公钥的底层方案运用使对于数据的访问控制进行操作和治理可以在更广泛的网络上展开，同时频道功能的存在更加有助于解决成员安全性的问题。

3.5.6 共识机制

超级账本的共识机制包括背书、排序和校验三个阶段，下面分别对它们进行介绍。

1. 背书

在背书阶段，背书节点对客户端发来的交易预案进行合法性检验，然后模拟执行链码得到交易结果，最后根据设定的背书逻辑判断是否支持该交易预案。如果背书逻辑决定支持交易预案，它将把预案签名发回给客户端。在缺省情况下，背书节点的背书逻辑支持预案并签名。但是节点也可以按照业务规则设定背书逻辑，从而对服务业务需求的交易进行背书。如果背书节点判定不支持交易，则给客户端返回出错信息。

2. 排序

排序阶段就是排序服务对交易进行排序，确定交易之间的时序关系。排序服务把一段时间内收到的交易进行排序，然后把排序后的交易打包成区块，再广播给通道中的成员。采用这种方式，各个成员收到的是一组顺序相同的交易，从而保证了所有节点数据的一致性。

Fabric 1.0 中排序服务支持可插拔的架构。除了提供 solo 和 kafka 模式外，用户还可以添加第三方的排序服务。solo 是确认模式，仅适合在开发测试中使用；kafka 模式基于 kakfa 开源的分布式数据流平台，具有高扩展性和容错能力，适合生产系统。但需要注意的是，kafka 只提供了 CFT 类型的容错(非拜占庭容错)能力，仅对节点的一般故障失效容错，缺乏对节点故意作恶进行容错的能力。

排序服务是共识机制中重要的一环，所有交易都需要通过排序服务的排序才可以达成全网共识，因此排序服务要避免成为网络上的性能瓶颈。为此，排序服务采用轻量级设计，只完成确定交易顺序的功能，不参与其他操作。

3. 校验

交易阶段可用来校验节点对排序后的交易进行的一系列的校验操作，包括交易数据的完整性检查、是否重复交易、背书签名是否符合背书策略的要求、交易读写集是否符合多版本控制的校验等。当交易通过了所有校验之后，将被标注为合法并写入账本中。因为所有的确认节点按照相同的顺序校验交易，并且把合法的交易一次写入账本中，所以它们的状态能够始终保持一致。

本 章 小 结

　　本章简要介绍了超级账本的组织模型、部分项目和功能等。超级账本社区成立一年多以来，已经吸引了来自国内外各行各业的大量关注，从最初的一个项目、三十位成员扩展到今天的近十个顶级项目、一百多个企业会员，使企业级区块链生态系统得到了不断的发展和完善。同时超级账本社区也十分重视应用的落地，目前基于超级账本相关技术已经成功应用并落地了大量的企业案例。这些案例为更多企业尝试利用区块链技术提高商业效率提供了不少经验。

第 4 章　Hyperledger Fabric 入门

　　第 3 章介绍了超级账本的概念、特征、架构以及相关项目,其中最核心的项目是 Hyperledger Fabric。该项目是区块链联盟链的具体实现,开发者可直接使用该链进行重要数据的存储,而无需理解区块链底层复杂的实现方式。

　　由于区块链本身的复杂性,Hyperledger Fabric 对初学者来说并不友好。不过不必担心,本章将先使用自动化脚本启动样例网络,通过编写一个最简单的 Hello World 智能合约带领读者入门 Hyperledger Fabric,同时会对开发过程中的一些 Hyperledger Fabric 核心概念进行详细解释。读者目前不必理解 Fabric 的实现原理,而是应先启动 Fabric 网络和样例程序,再结合代码进行深入探究。

【学习目标】

➢ 了解并安装 Hyperledger Fabric 的运行环境;
➢ 启动样例区块链网络;
➢ 编写 Hello World 智能合约;
➢ 执行智能合约。

4.1　Hyperledger Fabric 开发流程

　　在编写 Hello World 程序前,首先要了解 Hyperledger Fabric 开发的整体流程,如图 4-1 所示。

图 4-1　Hyperledger Fabric 开发流程

　　在 Hyperledger Fabric 区块链网络中,不仅存储着数据,还存储着智能合约。开发者通过执行智能合约完成对链上数据的增加、查询、修改、删除操作。但是智能合约必须是部署在一个已启动且正常运行的 Fabric 网络上,因此开发者的首要任务是搭建环境并启动 Fabric 网络。

　　下面从环境搭建开始,按照流程讲述 Hyperledger Fabric 的入门开发。

4.2 环境搭建

对于一个框架而言，环境搭建通常比较繁琐，Hyperledger Fabric 也不例外。在环境搭建的过程中，要确保每一个依赖都成功安装(可用查看版本命令确认)，且各依赖的版本必须兼容，否则后续过程中会出现各种难以纠正的错误。

首先明确 Hyperledger Fabric 网络运行的操作系统，此处使用 Ubuntu 16.04 LTS(Linux 的发行版)，要求读者熟悉基本的 Linux 命令。对于 Windows 操作系统的开发者来说，可以下载 Vmware 虚拟机和操作系统镜像来启动 Linux。

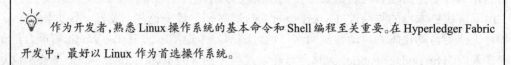

作为开发者,熟悉 Linux 操作系统的基本命令和 Shell 编程至关重要。在 Hyperledger Fabric 开发中，最好以 Linux 作为首选操作系统。

操作系统准备就绪，并且能够联通外网后，下面开始搭建环境。

4.2.1 安装 Curl

Curl 是一个利用 URL 语法在命令行下工作的文件传输工具，1997 年首次发行。它支持文件上传和下载，是综合传输下载工具。在区块链开发中，使用该工具完成下载依赖安装包、测试接口等功能。

通过下列命令进行安装：

```
1    sudo apt install curl
```

4.2.2 安装 Docker 和 Docker Compose

Hyperledger Fabric 使用 Docker 虚拟化技术，将每个区块链节点部署运行在相互独立的容器中。因此，Docker 是必不可少的依赖。此外，由于区块链节点数较多，还需安装 Docker Compose，以实现各节点容器的编排、群起等。

安装步骤如下：

(1) 移除旧版本，确保系统环境的清洁，命令如下：

```
1    sudo apt-get remove docker docker-engine docker.io containerd runc
```

(2) 更新 Apt 下载源，命令如下：

```
1    sudo apt-get update
```

(3) 安装一些软件包依赖所需的 https 源，命令集合如下：

```
1    sudo apt-get install
```

```
2    apt-transport-https \
3    ca-certificates \
4    curl \
5    gnupg-agent \
6    software-properties-common
```

(4) 添加 Docker 官方 GPG 密钥，需要输入的命令如下：

```
1    curl -fsSL https://download.docker.com/linux/ubuntu/gpg | sudo apt-key add -
```

(5) 通过查找密钥指纹的后 8 位字符，确认密钥正确生效，如图 4-2 所示。

```
liyupi@ubuntu:~$ sudo apt-key fingerprint 0EBFCD88
pub    4096R/0EBFCD88 2017-02-22
       Key fingerprint = 9DC8 5822 9FC7 DD38 854A  E2D8 8D81 803C 0EBF CD88
uid                    Docker Release (CE deb) <docker@docker.com>
sub    4096R/F273FCD8 2017-02-22
```

图 4-2　密钥配置生效

(6) 设置稳定版仓库，输入如下命令行：

```
1    sudo add-apt-repository \
2        "deb [arch = amd64] https://download.docker.com/linux/ubuntu \
3        $(lsb_release -cs) \
4        stable"
```

(7) 再次更新 Apt 下载目录，命令行如下：

```
1    sudo apt-get update
```

(8) 安装最新版本的 Docker CE(社区版)和 Containerd，命令行如下：

```
1    sudo apt-get install docker-ce docker-ce-cli containerd.io
```

(9) 测试 Docker 是否安装成功，所需的命令如下：

```
1    # 查看 docker 版本
2    docker -v
3    # 运行 hello-world 镜像
4    sudo docker run hello-world
```

若安装成功，则会看到图 4-3 所示的输出。

```
Hello from Docker!
This message shows that your installation appears to be working correctly.
```

图 4-3　Hello-World 成功执行

(10) 安装 Docker Compose。

首先下载 Docker-Compose 可执行文件，命令行如下：

```
1    sudo curl -L "https://github.com/docker/compose/releases/download/1.24.0/
     docker-compose-$(uname -s)-$(uname -m)" -o /usr/local/bin/docker-compose
```

接着为该文件添加可执行权限，所需的命令如下：

```
1    sudo chmod +x /usr/local/bin/docker-compose
```

(11) 测试 Docker Compose 是否安装成功，测试命令如下：

```
1    docker-compose  --version
```

若正确输出版本信息，表示安装成功。

4.2.3　安装 Go 语言

区块链开发的核心在于编写智能合约(在 Fabric 中称为链码)。Go 语言是目前 Fabric 链码开发的首选语言，因此必须先安装 Go。步骤如下：

(1) 使用 Wget 命令获取 Go 压缩包，命令如下：

```
1    sudo wget https://studygolang.com/dl/golang/go1.12.1.linux-amd64.tar.gz
```

(2) 解压 Go 压缩包，解压命令如下：

```
1    sudo tar -zxvf go1.12.1.linux-amd64.tar.gz
```

(3) 在当前用户目录下创建 Go 目录，作为 Go 语言的工作空间，存放项目文件和相关依赖。所需的三行命令如下：

```
1    sudo tar -zxvf go1.12.1.linux-amd64.tar.gz
2    cd ~
3    mkdir go
```

(4) 配置 GOPATH 变量和环境变量，以便能在命令行界面直接使用 Go 命令。所需增加的环境变量内容如下：

```
1    export GOPATH = $HOME/go
2    export PATH = $PATH:$GOPATH/bin
3    export PATH = $PATH:/usr/local/go/bin
```

使用 Vim 工具修改/etc/profile(Linux 环境变量配置文件)。Vim 是一款功能强大、支持各种插件、配置极为灵活的编辑器，若 Vim 不存在则使用下列命令安装：

```
1    sudo apt install vim
```

修改环境变量，用来指定可执行文件的路径，命令如下：

```
1    sudo vim /etc/profile
```

使用 Shift + $ 组合键切换至文件行尾，按 o 插入上述环境变量配置，如图 4-4 所示。

```
export GOPATH=$HOME/go
export PATH=$PATH:$GOPATH/bin
export PATH=$PATH:/usr/local/go/bin

-- INSERT --                                        31,36        Bot
```

图 4-4　配置 Go 环境变量

插入完毕，先按 esc，再输入: wq 即可保存退出。

最后用 source 命令使修改生效，需要的命令行如下：

```
1    source /etc/profile
```

(5) 测试 Go 是否安装成功，测试命令如下：

```
go version
```

4.2.4　安装 Node.js 和 NPM

1) 下载工具包

使用 Curl 工具下载 Node.js 压缩包(下载到/usr/local 目录下)。Node.js 是 Fabric 必需的开发环境，NPM 是运行在 Node.js 环境上的包管理器，拥有非常丰富且实用的依赖包。所需的命令行如下：

```
1    sudo curl -O https://nodejs.org/dist/v10.15.3/node-v10.15.3-linux-x64.tar.xz
```

2) 解压 Node 压缩包

解压并修改文件目录名为 Nodejs，所需的两行命令如下：

```
1    # 解压
2    tar -xvf node-v10.15.3-linux-x64.tar.xz
3    # 修改目录名
4    sudo mv node-v10.15.3-linux-x64 nodeis
```

3) 修改环境变量

配置环境变量，使 Node 和 Npm 命令全局可用，修改环境变量文件，命令行如下：

```
1    sudo vim /etc/profile
```

打开/etc/profile 文件后，插入下列内容：

```
1    export PATH = $PATH:/usr/local/nodejs/bin
```

使环境变量修改生效，使用如下命令：

```
1    source /etc/profile
```

4) 检测 Node 和 Npm 是否安装成功

利用如下两个版本检测命令进行测试，检测 Node 和 Npm 是否安装成功。

```
1    # 查看 node 版本
2    node -v
3    # 查看 npm 版本
4    npm -v
```

如果输出版本号，则表示安装成功。

4.3　运行样例网络

启动 Fabric 网络需要编写复杂的配置文件，对初学者并不友好，因此官网提供了大量的样例。成功地运行样例后，请读者自行编写配置文件，以实现定制化的 Fabric 区块链网络。

1. 启动样例网络

下面按照步骤启动样例网络。

(1) 下载 fabric-samples 样例文件，下载命令如下：

```
1    git clone https://github.com/hyperledger/fabric-samples.git
```

(2) 进入 Fabric-Sample 目录，执行 script 目录中的引导脚本文件，用到的两个命令如下：

```
1    cd fabric-samples/
2    sudo./scripts/bootstrap.sh
```

该脚本会自动完成两个功能：

① 下载 Fabric 相关的 Docker 镜像，如 Fabric-Ca、Peer、Orderer 节点等。

② 下载 Fabric 二进制工具集到 bin 目录中。这些工具是启动区块链网络的核心，此处重点介绍 Cryptogen 和 Configtxgen 工具。

Cryptogen 即加密生成器，可根据 crypto-config.yaml(网络拓扑文件)生成各组织和节点的加密证书，以及节点间通讯验证所需的公钥私钥对。crypto-config.yaml 文件可依次定义 Orderer(排序)节点和 Peer(对等)节点的组织信息和节点数，一个典型的配置文件的内容如下：

```
1    OrdererOrgs:
2    #------------------------------------------------
3    # Orderer
4    # ------------------------------------------------
5    - Name: Orderer
6    Domain: example.com
7    CA:
8
9    Country: US
10   Province: California
11          Locality: San Francisco
12   #    OrganizationalUnit: Hyperledger Fabric
13   #    StreetAddress: address for org # default nil
14   #    PostalCode: postalCode for org # default nil
15   #    ------------------------------------------------
16   #    "Specs" - See PeerOrgs below for complete description
17   # ------------------------------------------------
18   Specs:
19   - Hostname: orderer
20   # ------------------------------------------------
21   # "PeerOrgs" - Definition of organizations managing peer nodes
22   # ------------------------------------------------
23   PeerOrgs:
24   # ------------------------------------------------
25   # Org1
26   # ------------------------------------------------
27   - Name: Org1
28   Domain: org1.example.com
29   EnableNodeOUs: true
```

Configtxgen 即配置交易生成器，可根据 configtx.yaml(网络定义文件)生成创世区块、通道配置文件和锚节点交易文件。该配置文件较复杂，将在之后的章节进行介绍。

(3) 为了后续全局使用这些工具，须添加环境变量配置，方法是在/etc/profile 加入如下路径：

```
1    export PATH = $PATH:$HOME/fabric-samples/bin
```

由于 Docker 镜像源在国外，可能出现下载失败或过慢的情况，因此先配置 Docker 源为国内地址。此处使用阿里云镜像加速，注册阿里云账号后访问网址 https://cr.console.aliyun.com/ cn-hangzhou/instances/mirrors，按照操作文档配置即可，如图 4-5 所示。

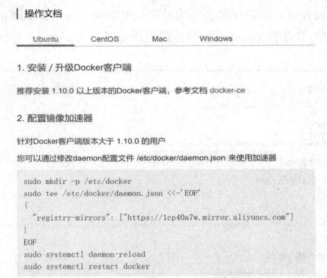

图 4-5　Docker 加速镜像配置

阿里云镜像加速配置完成，请执行脚本并耐心等待镜像下载。

2. 生成区块链文件

(1) 进入 first-network 目录，执行 byfn.sh 脚本的 generate 命令，生成区块链网络相关文件，执行过程中的输入均选择 Y。安装命令如下：

```
1   cd first-network/
2   # 生成网络相关文件
3   sudo ./byfn.sh generate
```

generate 命令使用上述 bin 目录下的工具来生成网络相关文件，具体内容如下：

① 使用 Cryptogen 工具生成网络节点证书。

② 使用 Configtxgen 工具生成创世区块、通道配置文件(channel.tx)和锚节点文件。

(2) 执行 byfn.sh 脚本的 up 命令，将自动启动 Fabric 网络，执行过程中的输入均选择 Y。启动 Fabric 的命令如下：

```
1   # 启动网络
2   sudo ./byfn.sh up
```

> 查看 byfn 脚本代码，可发现该脚本并不包含 Fabric 网络启动命令，它所做的仅是根据用户的输入来决定执行的操作。输入 up 命令时，实际运行的是 first-network/scripts 目录下的 script.sh 脚本(该脚本中又引入 utils.sh)，读者可通过该脚本学习如何自启动一个网络。

3. 启动网络

启动网络步骤如下：

(1) 使用 Docker-Compose 命令，基于 Docker 镜像和节点配置文件启动 Peer、Orderer、Cli 等 Docker 容器，将看到图 4-6 所示的输出。

```
Creating network "net_byfn" with the default driver
Creating volume "net_orderer.example.com" with default driver
Creating volume "net_peer0.org1.example.com" with default driver
Creating volume "net_peer1.org1.example.com" with default driver
Creating volume "net_peer0.org2.example.com" with default driver
Creating volume "net_peer1.org2.example.com" with default driver
Creating peer0.org2.example.com ... done
Creating peer1.org2.example.com ... done
Creating orderer.example.com    ... done
Creating peer1.org1.example.com ... done
Creating peer0.org1.example.com ... done
Creating cli                    ... done


 ___  _____  _    ___  _____
/ __||_   _|/_\  | _ \|_   _|
\__ \  | | / _ \ |   /  | |
|___/  |_|/_/ \_\|_|_\  |_|
```

图 4-6　启动节点 Docker 容器

(2) 基于步骤(1)中生成的 channel.tx 文件创建一个通道，如图 4-7 所示。

```
Channel name : mychannel
Creating channel...
+ peer channel create -o orderer.example.com:7050 -c mychannel -f ./channel-arti
facts/channel.tx --tls true --cafile /opt/gopath/src/github.com/hyperledger/fabr
ic/peer/crypto/ordererOrganizations/example.com/orderers/orderer.example.com/msp
/tlscacerts/tlsca.example.com-cert.pem
```

图 4-7　创建通道

通道创建成功，如图 4-8 所示。

```
===================== Channel 'mychannel' created =====================
```

图 4-8　通道创建成功

(3) 让节点加入通道，需要初始化 Endorser(背书节点)和 Orderer(排序节点)的连接，如图 4-9 所示。假如没有问题就会显示加入通道成功，如图 4-10 所示。

```
Having all peers join the channel...
+ peer channel join -b mychannel.block
+ res=0
+ set +x
2019-04-02 14:49:22.544 UTC [channelCmd] InitCmdFactory -> INFO 001 Endorser and
 orderer connections initialized
```

图 4-9　节点加入通道

```
2019-04-02 14:49:22.657 UTC [channelCmd] executeJoin -> INFO 002 Successfully su
bmitted proposal to join channel
===================== peer0.org1 joined channel 'mychannel' =====================
```

图 4-10　加入成功

(4) 依次更新通道上每个组织的锚节点，同样需要初始化背书节点和排序节点的连接，如图 4-11 所示，确认锚节点更新成功，如图 4-12 所示。

```
Updating anchor peers for org1...
+ peer channel update -o orderer.example.com:7050 -c mychannel -f ./channel-arti
facts/Org1MSPanchors.tx --tls true --cafile /opt/gopath/src/github.com/hyperledg
er/fabric/peer/crypto/ordererOrganizations/example.com/orderers/orderer.example.
com/msp/tlscacerts/tlsca.example.com-cert.pem
+ res=0
+ set +x
2019-04-02 14:49:35.304 UTC [channelCmd] InitCmdFactory -> INFO 001 Endorser and
 orderer connections initialized
```

图 4-11　更新锚节点

```
2019-04-02 14:49:35.320 UTC [channelCmd] update -> INFO 002 Successfully submitt
ed channel update
===================== Anchor peers updated for org 'Org1MSP' on channel 'mychann
el' =====================
```

图 4-12　锚节点更新成功

(5) 在节点上安装链码并实例化，如图 4-13 所示；确认链码安装成功，如图 4-14 所示。

```
Installing chaincode on peer0.org1...
+ peer chaincode install -n mycc -v 1.0 -l golang -p github.com/chaincode/chainc
ode_example02/go/
+ res=0
+ set +x
```

图 4-13　安装链码

```
2019-04-02 14:49:41.830 UTC [chaincodeCmd] install -> INFO 003 Installed remotel
y response:<status:200 payload:"OK" >
===================== Chaincode is installed on peer0.org1 =====================
```

图 4-14　链码安装成功

注意：想要在哪个节点调用链码，就必须在该节点上安装。每个链码有唯一的名称，且同名链码的版本号唯一。因此实例化链码的操作只需在任意安装该链码的节点上执行一次，即可在所有装有该链码的节点进行调用。实例化过程如图 4-15 所示。实例化后确认链码实例化成功界面如图 4-16 所示。

```
Instantiating chaincode on peer0.org2...
+ peer chaincode instantiate -o orderer.example.com:7050 --tls true --cafile /op
t/gopath/src/github.com/hyperledger/fabric/peer/crypto/ordererOrganizations/exam
ple.com/orderers/orderer.example.com/msp/tlscacerts/tlsca.example.com-cert.pem -
C mychannel -n mycc -l golang -v 1.0 -c '{"Args":["init","a","100","b","200"]}'
-P 'AND ('\''Org1MSP.peer'\'','\''Org2MSP.peer'\''')'
+ res=0
+ set +x
```

图 4-15　实例化链码

```
===================== Chaincode is instantiated on peer0.org2 on channel 'mychan
nel' =====================
```

图 4-16　链码实例化成功

(6) 使用命令行调用链码，如图 4-17 所示。

```
Querying chaincode on peer0.org1...
===================== Querying on peer0.org1 on channel 'mychannel'... =========
============
Attempting to Query peer0.org1 ...3 secs
+ peer chaincode query -C mychannel -n mycc -c '{"Args":["query","a"]}'
+ res=0
+ set +x
```

图 4-17　查询链码数据

最终，将看到如图 4-18 所示的输出，样例网络运行成功！

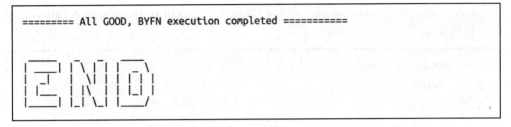

图 4-18　byfn 脚本执行成功

> 如果网络启动失败，请先执行 sudo./byfn.sh down 命令。该命令会停止并移除所有正在运行 Fabric 镜像的 Docker 容器。该命令也可用于关闭 fabric 网络。

4.4　编写 Hello World 智能合约

区块链网络启动后，开发者需要编写智能合约，并将其安装部署在区块链网络上，以增加网络的功能。

在 Fabric 区块链中，智能合约被称为 Chaincode(链码)。目前链码的编写基于 Go、Java 和 Node.js 三种语言。其中，Google 开发的 Go 语言具有先天高并发、高性能的优势，因此被选为 Hyperledger Fabric 链码的默认开发语言。本章使用 Go 语言来编写 Hello World 智能合约。

Fabric 官方样例中提供了一个利用 Go 语言实现的简单的链码程序，在 4.3 节已成功安装、实例化该链码并测试调用。下面对该示例代码进行分析。

1. 示例代码分析

样例代码路径如下：

　　fabric-samples/chaincode/chaincode_example02/go/chaincode_example02.go

读者可将其复制到带有文本编辑器或 IDE 的操作系统进行浏览和编辑，推荐使用 Sublime Text 和 JetBrains GoLand。

1) 先声明包

Go 语言中的包和 Java 中的包十分相似，都是代码的组织方式。不同的是，Go 语言不像其他语言一样有 public、protected、private 等访问控制修饰符，它是通过字母大小写来控制可见性的。如果定义的常量、变量、类型、接口、结构、函数等的名称是大写字母开头，表示能被其他包访问或调用(相当于 public)；非大写开头则只能在包内使用(相当于private)。声明 main 包代码如下：

```
1    package main
```

2) 引入链码 SDK

我们在开发过程中，不会所有的功能都自己去造轮子，经常要使用到各种的其他依赖。在本项目中，除了使用 fmt、strconv 等常用依赖外，必须引入 Hyperledger Fabric 的链码SDK，代码如下：

```
1    import (
2        "fmt"
3        "strconv"
4        "github.com/hyperledger/fabric/core/chaincode/shim"
5        pb "github.com/hyperledger/fabric/protos/peer"
6    )
```

3) 编写结构体接口

Go 语言是一门独特的面向对象语言，它没有继承、构造函数、析构函数等概念，但具有接口和实现。此处定义的 SimpleChaincode 结构体就是 Chaincode 接口的实现类，必须实现 Init、Invoke 等方法。

Chaincode 接口代码如下：

```
1    type SimpleChaincode struct {
2    }
3    type Chaincode interface {
4        // Init is called during Instantiate transaction after the chaincode container
5        // has been established for the first time, allowing the chaincode to
6        // initialize its internal data
7        Init(stub ChaincodeStubInterface) pb.Response
8
9        // Invoke is called to update or query the ledger in a proposal transaction.
10       // Updated state variables are not committed to the ledger until the
11       // transaction is committed.
12       Invoke(stub ChaincodeStubInterface) pb.Response
13   }
```

4) 编写链码初始化函数

Init 函数用于链码初始化，以传入参数为数据设置初始值。代码和详细注释如下所示：

```
1    func (t *SimpleChaincode) Init(stub shim.ChaincodeStubInterface) pb.Response {
2        // 输出调试
3        fmt.Println("ex02 Init")
4        // 获取初始化参数
5        _, args := stub.GetFunctionAndParameters()
6        // 定义变量，假设此处的 A、B 为区块链存储的键
7        var A, B string
8        // A 和 B 键对应的值
9        var Aval, Bval int
10       var err error
11       // 参数数量限制
12       if len(args) != 4 {
13           return shim.Error("Incorrect number of arguments. Expecting 4")
14       }
15
16       // 初始化链码，将参数赋值给变量
17       A = args[0]
18       Aval, err = strconv.Atoi(args[1])
19       if err != nil {
20           return shim.Error("Expecting integer value for asset holding")
21       }
22       B = args[2]
23       Bval, err = strconv.Atoi(args[3])
24       if err != nil {
25           return shim.Error("Expecting integer value for asset holding")
26       }
27       // 输出调试
28       fmt.Printf("Aval = %d, Bval = %d\n", Aval, Bval)
29
30       // 将数据存储至区块链
31       err = stub.PutState(A, []byte(strconv.Itoa(Aval)))
32       if err != nil {
33           return shim.Error(err.Error())
34       }
35
36       err = stub.PutState(B, []byte(strconv.Itoa(Bval)))
37       if err != nil {
38           return shim.Error(err.Error())
```

```
39        }
40
41        // 返回成功
42        return shim.Success(nil)
43    }
```

代码开头定义了 A、B 和 Aval、Bval 变量。由于区块链数据是 KV 存储(键值对)，因此 A、B 为键，Aval、Bval 为对应的值。该初始化函数起到了读取初始化参数，转换 Aval、Bval 的参数类型为整形，并将键值对存在链上的功能。

在这段代码中，核心的对象为 Stub(存根)。为屏蔽客户调用远程主机上的对象，必须提供某种方式来模拟本地对象，称为存根，它负责接收本地方法调用，并将它们委派给各自的具体实现对象。这里，可以将存根理解为远程调用的代理。

此处通过调用存根对象的 GetFunctionAndParameters 方法获取初始化参数，并通过调用 PutState 方法传入键值对，以实现数据存储。

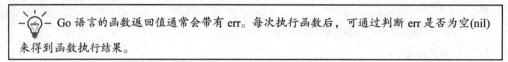 Go 语言的函数返回值通常会带有 err。每次执行函数后，可通过判断 err 是否为空(nil) 来得到函数执行结果。

5) 编写链码调用函数

样例代码中有虽然有两个 Invoke 函数，但只有参数、返回值和 Chaincode 的 Invoke 完全一致的函数才是具体实现。

```
1     func (t *SimpleChaincode) Invoke(stub shim.ChaincodeStubInterface) pb.Response {
2         // 输出调试
3         fmt.Println("ex02 Invoke")
4         // 获取调用类型和参数
5         function, args := stub.GetFunctionAndParameters()
6         if function == "invoke" {
7             // 执行交易，修改数据
8             return t.invoke(stub, args)
9         } else if function == "delete" {
10            // 删除数据
11            return t.delete(stub, args)
12        } else if function == "query" {
13            // 查询数据
14            return t.query(stub, args)
15        }
16
17        return shim.Error("Invalid invoke function name. Expecting \"invoke\" \"delete\" \"query\"")
18    }
```

Invoke 函数代码很简单，它实际上是一个操作选择函数，根据获取调用类型来决定执行何种操作，如发起交易、删除数据和查询数据。下面详细介绍这些函数。

(1) 发起交易。

该函数实现了简单的区块链交易——转账操作。把 A、B 变量理解为两位用户，假设 A 给 B 转账，逻辑为 A 金钱减少，B 金钱相应增加。函数的业务逻辑可被简述为：从链上读取用户变量数据，根据传入参数的值对 A、B 用户的金额进行改动操作，并将更新后的用户变量于链上更新。代码和注释如下：

```
1    func (t *SimpleChaincode) invoke(stub shim.ChaincodeStubInterface, args []string) pb.Response {
2        // 临时存储区块链数据
3        var A, B string
4        var Aval, Bval int
5        // 交易值
6        var X int
7        var err error
8        // 参数校验
9        if len(args) != 3 {
10           return shim.Error("Incorrect number of arguments. Expecting 3")
11       }
12
13       A = args[0]
14       B = args[1]
15
16       // 获取区块链的当前数据
17       Avalbytes, err := stub.GetState(A)
18       if err != nil {
19               return shim.Error("Failed to get state")
20       }
21       if Avalbytes == nil {
22           return shim.Error("Entity not found")
23       }
24       Aval, _ = strconv.Atoi(string(Avalbytes))
25
26       Bvalbytes, err := stub.GetState(B)
27       if err != nil {
28           return shim.Error("Failed to get state")
29       }
30       if Bvalbytes == nil {
31           return shim.Error("Entity not found")
```

```
32        }
33        Bval, _ = strconv.Atoi(string(Bvalbytes))
34
35        // 获取交易额
36        X, err = strconv.Atoi(args[2])
37        if err != nil {
38            return shim.Error("Invalid transaction amount, expecting a integer value")
39        }
40        // 执行交易，A 减少 X，B 增加 X
41        Aval = Aval - X
42        Bval = Bval + X
43        fmt.Printf("Aval = %d, Bval = %d\n", Aval, Bval)
44
45        // 修改区块链上变量 A 的值
46        err = stub.PutState(A, []byte(strconv.Itoa(Aval)))
47        if err != nil {
48            return shim.Error(err.Error())
49        }
50
51        // 修改区块链上变量 B 的值
52        err = stub.PutState(B, []byte(strconv.Itoa(Bval)))
53        if err != nil {
54            return shim.Error(err.Error())
55        }
56        // 返回
57        return shim.Success(nil)
58   }
```

(2) 删除数据。

删除数据操作较简单，从 stub 中获取用户要删除的键，然后调用 stub.DelState 方法实现键值对的删除。函数的业务逻辑可被简述为：根据传入参数获取需要删除的键值对，调用存根函数对该键值对进行删除操作。代码如下：

```
1    func (t *SimpleChaincode) delete(stub shim.ChaincodeStubInterface, args []string) pb.Response {
2        // 参数校验
3        if len(args) != 1 {
4            return shim.Error("Incorrect number of arguments. Expecting 1")
5        }
6        // 获取要删除的键
```

```
7        A := args[0]
8
9        // 从区块链账本中删除键值对数据
10       err := stub.DelState(A)
11       if err != nil {
12           return shim.Error("Failed to delete state")
13       }
14
15       return shim.Success(nil)
16   }
```

（3）查询数据。

查询和删除流程相似，都是先从输入参数中获取目标键名，再执行操作。函数的业务逻辑可被简述为：根据传入参数获取需要查询的键值对，将键值对以 Json 串的形式返回。代码如下：

```
1    func (t *SimpleChaincode) query(stub shim.ChaincodeStubInterface, args []string) pb.Response {
2        // 用于存储要查询的键
3        var A string
4        var err error
5        // 参数校验
6        if len(args) != 1 {
7            return shim.Error("Incorrect number of arguments. Expecting name of the person to query")
8        }
9        // 获取参数(要查询的键)，赋值给 A
10       A = args[0]
11
12       // 获取键对应的数据
13       Avalbytes, err := stub.GetState(A)
14       if err != nil {
15           // 定义 json 格式响应
16           jsonResp := "{\"Error\":\"Failed to get state for " + A + "\"}"
17           return shim.Error(jsonResp)
18       }
19       // 查询结果不存在
20       if Avalbytes == nil {
21           jsonResp := "{\"Error\":\"Nil amount for " + A + "\"}"
22           return shim.Error(jsonResp)
```

```
23      }
24
25      jsonResp := "{\"Name\":\"" + A + "\", \"Amount\":\"" + string(Avalbytes) + "\"}"
26      // 输出结果
27      fmt.Printf("Query Response:%s\n", jsonResp)
28      return shim.Success(Avalbytes)
29  }
```

6) 编写主函数

主函数较为简短，用于启动链码，代码如下：

```
1   func main() {
2       err := shim.Start(new(SimpleChaincode))
3       if err != nil {
4           fmt.Printf("Error starting Simple chaincode: %s", err)
5       }
6   }
```

2. 编写 Hello World 智能合约

上述样例代码可以作为后续开发链码的模板，Hello World 程序可直接基于该样例开发，步骤如下：

(1) 首先在 fabric-samples/chaincode 目录下新建 hello_world 目录，拷贝 chaincode_example02.go 文件至 hello_world 目录下，并修改名称为 hello_world.go。

(2) Hello World 链码将在区块链上存储一个单词数据，功能包括设置单词初始值、更新单词的值、查询单词的值。

由于代码结构和样例文件相同，不再赘述。首先将 SimpleChaincode 结构体替换成 HelloWorld；接下来移除 delete 函数，修改 Init 初始化函数、Invoke 和查询函数。

① Init 为初始化函数，接收调用参数传来的键名和单词值，并存入区块链账本，核心代码如下：

```
1   func (t *HelloWorld) Init(stub shim.ChaincodeStubInterface) pb.Response {
2       // 获取初始化参数
3       _, args := stub.GetFunctionAndParameters()
4       // 定义变量，假设此处的 Key 为区块链存储的键
5       var Key string
6       // Key 对应的值
7       var Word string
8       // 初始化链码，将参数赋值给变量
9       Key = args[0]
```

```
10      Word = args[1]
11      // 将单词数据存储至区块链
12      err = stub.PutState(Key, []byte(Word))
13    }
```

② Invoke 为接口实现函数，通过传入的操作类型执行不同函数。此处移除 delete 功能即可，核心代码如下：

```
1    func (t *HelloWorld) Invoke(stub shim.ChaincodeStubInterface) pb.Response {
2        // 获取调用类型和参数
3        function, args := stub.GetFunctionAndParameters()
4        if function == "invoke" {
5            // 执行交易，修改数据
6        return t.invoke(stub, args)
7        } else if function == "query" {
8            // 查询数据
9            return t.query(stub, args)
10        }
11    }
```

③ 修改函数。修改指定的键值对，核心代码和注释如下：

```
1    func (t *HelloWorld) invoke(stub shim.ChaincodeStubInterface, args []string) pb.Response {
2        // 临时存储区块链数据
3        var Key string
4        var Word string
5        // 要设置的值
6        var NewWord string
7        var err error
8        // 获取键
9        Key = args[0]
10       // 获取值
11       Word = args[1]
12       // 执行交易，修改区块链上指定 Key 的值
13       err = stub.PutState(Key, []byte(Word))
14    }
```

④ 查询函数。查询指定键对应的值，核心代码和注释如下：

```
1    func (t *HelloWorld) query(stub shim.ChaincodeStubInterface, args []string) pb.Response {
2        // 用于存储要查询的键
```

```
3      var Key string
4      var err error
5      // 获取要查询的键
6      Key = args[0]
7      // 获取键对应的数据
8      Avalbytes, err := stub.GetState(Key)
9      jsonResp := "{\"Name\":\" " + Ket + "\", \"Amount\":\" " + string(Avalbytes) + "\"}"
10     // 输出结果
11     fmt.Printf("Query Response:%s\n", jsonResp)
12   }
```

(3) 最后不要忘记修改 main 函数中 shim.Start 的类名为 HelloWorld。

完整代码和注释如下：

```
1    package main
2
3    import (
4        "fmt"
5
6        "github.com/hyperledger/fabric/core/chaincode/shim"
7        pb "github.com/hyperledger/fabric/protos/peer"
8    )
9
10   type HelloWorld struct {
11   }
12
13   func (t *HelloWorld) Init(stub shim.ChaincodeStubInterface) pb.Response {
14       // 输出调试
15       fmt.Println("hello_world Init")
16       // 获取初始化参数
17       _, args := stub.GetFunctionAndParameters()
18       // 定义变量，假设此处的 Key 为区块链存储的键
19       var Key string
20       // Key 对应的值
21       var Word string
22       var err error
23       // 参数数量校验
24       if len(args) != 2 {
25           return shim.Error("Incorrect number of arguments. Expecting 2")
```

```
26          }
27
28          // 初始化链码，将参数赋值给变量
29          Key = args[0]
30          Word = args[1]
31
32          // 将单词数据存储至区块链
33          err = stub.PutState(Key, []byte(Word))
34          if err != nil {
35              return shim.Error(err.Error())
36          }
37
38          // 返回成功
39          return shim.Success(nil)
40      }
41
42      func (t *HelloWorld) Invoke(stub shim.ChaincodeStubInterface) pb.Response {
43          // 输出调试
44          fmt.Println("hello_world Invoke")
45          // 获取调用类型和参数
46          function, args := stub.GetFunctionAndParameters()
47          if function == "invoke" {
48              // 执行交易，修改数据
49              return t.invoke(stub, args)
50          } else if function == "query" {
51              // 查询数据
52              return t.query(stub, args)
53          }
54
55          return shim.Error("Invalid invoke function name. Expecting \"invoke\" \"query\"")
56      }
57
58      // set string
59      func (t *HelloWorld) invoke(stub shim.ChaincodeStubInterface, args []string) pb.Response {
60          // 临时存储区块链数据
61          var Key string
62          var Word string
63          // 要设置的值
64          var err error
```

```
65          // 参数校验
66          if len(args) != 2 {
67              return shim.Error("Incorrect number of arguments. Expecting 2")
68          }
69          // 获取键
70          Key = args[0]
71          // 获取值
72          Word = args[1]
73          fmt.Printf("Word = %s\n", Word)
74
75          // 执行交易，修改区块链上指定 Key 的值
76          err = stub.PutState(Key, []byte(Word))
77          if err != nil {
78              return shim.Error(err.Error())
79          }
80
81          // 返回
82          return shim.Success(nil)
83      }
84
85  // query word
86  func (t *HelloWorld) query(stub shim.ChaincodeStubInterface, args []string) pb.Response {
87          // 用于存储要查询的键
88          var Key string
89          var err error
90          // 参数校验
91          if len(args) != 1 {
92      return shim.Error("Incorrect number of arguments. Expecting name of the person to query")
93          }
94          // 获取要查询的键
95          Key = args[0]
96
97          // 获取键对应的数据
98          Avalbytes, err := stub.GetState(Key)
99          if err != nil {
100             // 定义 json 格式响应
101             jsonResp := "{\"Error\":\"Failed to get state for " + Key + "\"}"
102             return shim.Error(jsonResp)
103         }
```

```
104        // 查询结果不存在
105        if Avalbytes == nil {
106            jsonResp := "{\"Error\":\"Nil amount for " + Key + "\"}"
107            return shim.Error(jsonResp)
108        }
109
110        jsonResp := "{\"Name\":\"" + Key + "\", \"Amount\":\"" + string(Avalbytes) + "\"}"
111        // 输出结果
112        fmt.Printf("Query Response:%s\n", jsonResp)
113        return shim.Success(Avalbytes)
114 }
115
116 func main() {
117        err := shim.Start(new(HelloWorld))
118        if err != nil {
119            fmt.Printf("Error starting HelloWorld chaincode: %s", err)
120        }
121 }
```

3. 安装并测试链码

安装测试链码时，需要使用命令将链码安装在 Fabric 区块链网络的所有对等节点上，方法是先将 hello_world.go 放在 chaincode/hello_world 目录下，然后打开终端，完成如下操作：

(1) 进入已启动的 Docker cli 容器提供的 Bash，执行如下命令：

```
1    sudo docker exec -it cli bash
```

(2) 安装链码，执行如下命令：

```
1    peer chaincode install -n hwcc -v 1.0 -l golang -p github.com/chaincode/hello_world
```

上面命令中各选项含义为：-n 为链码名，-v 为链码版本，-l 为链码语言，-p 为链码所在目。

安装成功，将看到如下输出(如图 4-19 所示)：

```
2019-04-03 15:29:10.205 UTC [chaincodeCmd] install -> INFO 003 Installed remotely resp
onse:<status:200 payload:"OK" >
```

图 4-19　链码安装成功提示

(3) 配置环境变量，在 Org2 的 Peer0 节点上安装相同链码，命令如下：

```
1    # Environment variables for PEER0 in Org2
2    CORE_PEER_MSPCONFIGPATH=/opt/gopath/src/github.com/hyperledger/fabric/peer/crypto/
     peerOrganizations/org2.example.com/users/Admin@org2.example.com/msp
3    CORE_PEER_ADDRESS=peer0.org2.example.com:9051
4    CORE_PEER_LOCALMSPID="Org2MSP"
5    CORE_PEER_TLS_ROOTCERT_FILE=/opt/gopath/src/github.com/hyperledger/fabric/peer/crypto/
     peerOrganizations/org2.example.com/peers/peer0.org2.example.com/tls/ca.crt
```

再次执行该配置文件，命令如下：

```
1    peer chaincode install -n hwcc -v 1.0 -l golang -p github.com/chaincode/hello_world
```

(4) 实例化链码。调用链码中的 Init 函数，向区块链存储一个单词，键名为"word"，值为"hello"，命令如下：

```
1    peer chaincode instantiate -o orderer.example.com:7050 --tls true --cafile /opt/gopath/src/
     github.com/hyperledger/fabric/peer/crypto/ordererOrganizations/example.com/orderers/orderer
     .example.com/msp/tlscacerts/tlsca.example.com-cert.pem -C mychannel -n hwcc -l golang -v
     1.0 -c '{"Args":["init", "word", "hello"]}' -P 'AND ("Org1MSP.peer", "Org2MSP.peer")'
```

实例化链码命令的参数说明如下：

-o：指定排序节点；--tls：是否开启安全传输层协议；--cafile：指定 ca 证书文件路径；-C：实例化链码所在通道；-c：初始化参数；-P：背书策略，AND 表示同时需要两个组织的背书才能执行交易。

(5) 查询链上键名为"word"的数据，命令如下：

```
1    peer chaincode query -C mychannel -n hwcc -c '{"Args":["query"，"word"]}'
```

查询结果为"hello"，如图 4-20 所示。

```
root@26034edd2267:/opt/gopath/src/github.com/hyperledger/fabric/peer# peer chain
code query -C mychannel -n hwcc -c '{"Args":["query","word"]}'
hello
```

图 4-20　查询区块链数据

(6) 调用链码，执行交易，更新键"word"对应的值，命令行如下：

```
1    peer chaincode invoke -o orderer.example.com:7050 --tls true --cafile /opt/gopath/src/github.
     com/hyperledger/fabric/peer/crypto/ordererOrganizations/example.com/orderers/orderer.example.
     com/msp/tlscacerts/tlsca.example.com-cert.pem -C mychannel -n hwcc --peerAddresses peer0.
     org1.example.com:7051-tlsRootCertFiles/opt/gopath/src/github.com/hyperledger/fabric/peer/crypto/
     peerOrganizations/org1.example.com/peers/peer0.org1.example.com/tls/ca.crt --peerAddresses peer0.
     org2.example.com:9051 --tlsRootCertFiles /opt/gopath/src/github.com/hyperledger/fabric/peer/crypto/
     peerOrganizations/org2.example.com/peers/peer0.org2.example.com/tls/ca.crt -c '{"Args":["invoke",
     "word","world"]}'
```

各选项含义和实例化链码的选项含义相同，--peerAddresses 用于指定安装链码的 peer 节点，--tlsRootCertFiles 是指需要为每个节点提供的安全证书文件。根据策略，需要为每个组织提供证书。

(7) 若步骤(6)未报错，再次进行查询操作，命令如下：

```
1    peer chaincode query -C mychannel -n hwcc -c '{"Args":["query"，"word"]}'
```

发现"word"的值已被更改为 world，如图 4-21 所示。

```
root@26034edd2267:/opt/gopath/src/github.com/hyperledger/fabric/peer# peer chain
code query -C mychannel -n hwcc -c '{"Args":["query","word"]}'
world
```

图 4-21　更改后的区块链数据

本 章 小 结

本章首先介绍 Hyperledger Fabric 的开发流程，从零开始完成环境搭建、样例网络运行、样例链码分析和编写等过程，并最终通过命令行成功地调用了链码，完成了 Fabric 区块链上的数据存储。

和其他区块链开发平台不同，Fabric 提供了多种主流编程语言来开发智能合约，也即链码。Fabric 的生态十分活跃，随着版本的更新，Fabric 的开发、运维都愈发简单灵活，意在让开发者使用熟悉的编程语言，透明地进行区块链开发，专注于业务。近几个版本在不断优化 Go、Java 和 Node.js 的 SDK 和编程模型，吸引了大量开发者的加入。因此开发者需要重点熟悉一门语言和 Fabric SDK 函数的使用。

链码的调用方式有命令行调用和 SDK 调用两种。本章使用命令行进行安装、实例化和调用链码虽较为复杂，却是 Fabric 区块链开发的基础。读者需要切实掌握命令中每个选项的含义，避免盲目拷贝代码，为后续自己搭建区块链网络做准备。

本章需重点掌握的知识如下：

(1) Hyperledger Fabric 开发流程。

(2) 开发所需依赖环境。

(3) Fabric 区块链网络的启动过程。

(4) 基础 Go 语言链码的编写。

(5) 使用命令操作链码。

在后续章节，将介绍 Hyperledger Fabric 的基础架构和实现原理，并通过实战项目巩固所学理论知识。

第 5 章　Hyperledger Composer 入门

Hyperledger Fabric 是区块链的框架实现，是使用模块化架构开发应用程序或解决方案的基础，目前已经得到了很多开发者的认可。区块链的底层架构本身十分复杂，虽然 Fabric 已经对其进行了一层封装，但对于开发者来说，入门门槛以及开发成本都很高，因此目前实际落地的项目很少。

在使用 Hyperledger Fabric 进行开发时，对数据库的增删查改(CRUD)和 Restful Api 都要自己编写。这给开发者们(尤其是习惯了面向对象编程和使用开发框架的开发者)增加了很多重复的工作。此外，Fabric 区块链网络的部署和测试也很复杂，需要大量繁琐的代码和重复的人工操作。对此，超级账本项目官方提供了 Hyperledger Composer 作为解决方案。

5.1　Hyperledger Composer 简介

Hyperledger Composer 是一套用于构建区块链业务网络的工具，使用 JavaScript 脚本语言编写核心的业务逻辑，同时可以利用如 Node.js、NPM、CLI 和流行编辑器在内的现代工具；提供以业务为中心的抽象且易于测试的 DevOps 流程的示例应用程序，以创建强大的区块链解决方案；通过使用独特的建模语言、统一的工程结构、内置的操作数据库账本的方法以及访问控制等功能，简化了开发超级账本项目的流程，让开发者专注于业务逻辑。

此外，Hyperledger Composer 还包含很多实用工具，如 Composer Rest Server 可以自动生成能对账本进行增删改查(CRUD)操作的 Restful Api；通过 Composer Playground 可以进行可视化的网络部署、管理和测试。这些工具可使开发超级账本项目非常简单和高效。

在使用 Hyperledger Composer 进行开发前，先了解它的工作流对后面的学习是很有帮助的。下面介绍工作流的两个步骤。

1. 工作流步骤 1——搭建并启动 Fabric 网络

首先，要明确 Hyperledger Composer 只是我们开发业务网络的助手，而不是区块链网络本身的模块。Hyperledger Composer 仅仅为我们提供了应用打包、安装部署、可视化测试等功能，但由于应用包最终将部署在 Fabric 区块链网络上，因此启动 Fabric 网络以及 Hyperledger Composer 框架的安装是一切开发工作的基础。搭建并启动 Fabric 网络分为安装依赖、编写网络配置文件和启动三个步骤，如图 5-1 所示。

启动 Fabric 网络后，才可以进行业务网络的部署和测试。

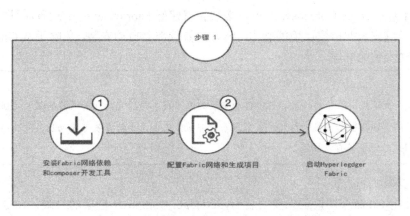

图 5-1　Hyperledger Composer 工作流步骤 1

2. 工作流步骤 2——部署和测试业务网络

借助 Hyperledger Composer 独特的建模语言和工程结构，能够轻松地进行应用程序的开发。

开发完成后，首先需要使用 Hyperledger Composer 命令将工程代码打包成一个 BNA(Business Network Application，业务网络应用包)；接着将该网络包(BNA)安装部署到 Fabric 网络的 Peer 节点上，然后启动该网络；最后可通过 Hyperledger Composer 的 Rest Server 工具生成 Restful API 进行可视化测试。为了让用户可以方便调试，Hyperledger Composer 提供了日志功能，用户可以通过查看交易日志来分析测试结果，如图 5-2 所示。

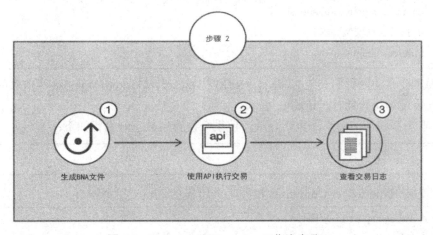

图 5-2　Hyperledger Composer 工作流步骤 2

读者在了解工作流之后，可以按照后面的步骤学习如何使用 Hyperledger Composer 进行实战开发。

5.2　环 境 搭 建

Hyperledger Composer 可以安装在 Ubuntu、MacOS 或 windows 上。本文以 ubuntu 系统为基础开发系统进行讲解。

使用 Hyperledger Composer 之前，必须先搭建好 Fabric Runtime(运行时环境)。官网已经提供了一键安装并搭建环境的脚本，所有的依赖都会自动安装，免除了从 Github 上克隆项目再手动安装的麻烦。

> 💡　　　为了保证依赖间的兼容性，自动安装的依赖版本是固定的。如果想安装指定版本的依赖，则需要修改自动安装脚本文件或采取手动安装。但由于手动安装可能导致各依赖版本的冲突，因此推荐使用自动安装。

安装步骤如下：

(1) 使用 Cd 命令切换至想要安装 Hyperledger Composer 框架的目录，命令行如下：

```
1    cd ~
```

(2) 用 Curl 命令远程下载自动安装脚本，命令行如下：

```
1    curl -O https://hyperledger.github.io/composer/latest/prereqs-ubuntu.sh
```

(3) 下载完毕后执行脚本。如遇到无法执行的问题，可先使用 Chmod 命令修改脚本权限为可执行，然后再执行该脚本，命令行如下：

```
1    # 修改执行权限
2    chmod u+x prereqs-ubuntu.sh
3    # 执行自动安装脚本
4    ./prereqs-ubuntu.sh
```

该脚本会自动为我们安装 Node.js、NPM、Docker、Docker-Compose 等依赖的 Docker 镜像。安装过程比较耗时，请耐心等待。

(4) 退出系统当前用户并重新登录，使系统设置生效，命令行如下：

```
1    logout
```

(5) 安装 Hyperledger Composer 相关工具所需的 Linux 指令如下：

```
1    # 安装 composer 客户端
2    npm install -g composer-cli
3    # 查看版本
4    npm view composer-cli version
5    # 安装 composer-rest-server，这是基于 Swagger 的 RESTful API 服务器
6    npm install -g composer-rest-server
7    # 查看版本
8    npm view composer-rest-server version
9    # 安装 yeoman，用于自动生成项目工程目录模板
```

```
10   npm install -g yo
11   # 查看版本
12   npm view yo version
13   # 安装 composer 模板
14   npm install -g generator-hyperledger-composer
15   # 查看版本
16   npm view generator-hyperledger-composer version
17   # 安装 composer 在线调试广场
18   npm install -g composer-playground
19   # 查看版本
20   npm view composer-playground version
```

(6) 安装 Fabric 运行时环境：

① 创建并切换至 fabric 工作目录，稍后要将 Fabric 工具下载到该目录中，命令行如下：

```
1   cd ~
2   # 新建目录
3   mkdir fabric-tools
4   cd fabric-tools/
```

② 下载并解压 Fabric 测试服务器压缩包，命令行如下：

```
1   # 使用 curl 命令下载包
2   curl -O https://raw.githubusercontent.com/hyperledger/composer-tools/master/packages/fabric-
     dev-servers/fabric-dev-servers.tar.gz
3   # 解压
4   tar -xvf fabric-dev-servers.tar.gz
```

③ 运行解压后的脚本并安装 Docker 镜像文件，命令行如下：

```
1   # 下载 Fabric Docker 镜像文件
2   ./downloadFabric.sh
3   # 查看已安装的镜像
4   docker images
```

(7) 启动 Fabric 测试网络并创建网络节点访问卡(证书)，命令行如下：

```
1   # 运行测试工具包提供的脚本，将启动一个单节点 Fabric 网络
2   ./startFabric.sh
3   # 生成节点管理员卡，提供了 Composer 对于 Fabric 节点的访问权限
4   ./createPeerAdminCard.sh
```

5.3 Hyperledger Composer 的建模语言

Fabric 主要使用 Go 语言开发链码，代码编写十分复杂。为简化开发，Hyperledger Composer 将数据模型和业务逻辑解耦。而 Hyperledger Composer 的数据模型开发将使用自己独特的建模语言，用于定义业务网络中的所有资源(包括资产、参与者、交易等)，称为 CTO 建模语言。

1. CTO 建模语言的特点

(1) 简单易懂：其语法类似于面向对象语言中的 Class 和 SQL 中的建表。开发人员编写 CTO 的过程就像编写数据库实体类和建表一样，大大降低了开发复杂度。

(2) 语法灵活：定义对象的属性时可指定多个特殊字段，如"可选的"、指定范围和校验等。

2. CTO 文件的内容

CTO 文件后缀为 .CTO。一个完整的 CTO 模型文件包含下面几个方面：

(1) 命名空间。

(2) 资源定义(资产、参与者、交易等)。

(3) 从其他命名空间导入(按需)。

下面将分别对这几部分进行讲解。

5.3.1 命名空间

CTO 中命名空间的概念和其他语言的概念基本一致，类似于文件系统中的文件目录或 Java 中的包，主要作用是对代码文件进行合理的划分。

在 Composer 开发中，业务网络可能会有一个或多个 .CTO 模型文件。通常，每个模型文件以命名空间作为文件名，用于对不同资源进行划分。

一个 CTO 文件必须在文件开头指定一个命名空间。该文件中定义的资源只属于该命名空间，不同命名空间的资源相互独立。

定义命名空间代码如下：

```
1    namespace org.shopping.biznet
```

 命名空间最好具有实际意义，通常以组织 + 业务网络名 + 类别 + biznet 命名。

5.3.2 资源

资源可以理解为区块链业务网络中出现的对象，是 Composer 的重要概念。

1．资源的种类

资源对象包含以下种类：

(1) 资产(Asset)：即有价值的、可被交易的物品。

(2) 参与者(Participant)：参与业务网络的角色。

(3) 交易(Transaction)：业务网络中的资产转移。

(4) 事件(Event)：业务网络中触发的某种通知。

(5) 枚举(Enum)：一组同类型的值的集合。

(6) 概念(Concept)：资源中的通用属性集。

2．资源的特点

资源的特点如下：

(1) 资源属于某命名空间。

(2) 资源名在命名空间内唯一。

(3) 资源类型为 Asset 和 Participant 时，必须指定主键(Identified by)。

(4) 资源类型为 Transaction 时，会自动生成 ID 和交易时间，因此不能显式地指定主键。

(5) 资源具有属性(o 表示属性)。

(6) 资源可互相依赖(-->表示依赖)。

(7) 资源支持单继承(Extends 关键字)。

(8) 资源支持抽象类(Abstract 关键字)。

资源定义格式如下：

```
1    资源类型 资源名称 [identified by 主属性] {
2        o 属性类型 属性名
3        -->依赖类型 属性名
4        ...
5    }
```

下面将介绍属性这一重要概念。

5.3.3　属性

每种资源都可能具有属性，用 "o + 属性类型 + 属性名" 表示。如电脑可能有名称、生产数量、价格、功能、生产日期等属性。

1．属性的样例代码

属性样例代码如下：

```
1    asset Computer identified by id {
2        o  String id
3        o  String name
4        o  Integer produceNum
```

```
5      o    Double price
6      o    String[] functions
7      o    DateTime produceDate
8      }
```

2. 属性的基本类型

属性包括如下基本类型：

(1) String(UTF-8 字符串)；

(2) Double(64 位带符号浮点数)；

(3) Integer(32 位带符号整数)；

(4) Long(64 位带符号整数)；

(5) Boolean(布尔类型：true/false)；

(6) DataTime(与 ISO-8601 兼容的时间，具有可选的时区和 UTZ 偏移)。

3. 属性的引用类型

属性包括如下引用类型：

(1) Array(数组，基本类型或引用类型后加中括号)；

(2) Concept；

(3) Enum；

(4) 依赖类型。

5.3.4　依赖

资源之前可能存在依赖(引用)关系(依赖也是一种属性)，用"--> + 依赖资源名 + 属性名"表示。如电脑和生产者存在依赖关系。

依赖样例代码如下：

```
1    participant Producer identified by id {
2         o    String id
3         o    String name
4    }
5
6    asset Computer identified by id {
7         o    String id
8         …
9         -->Producer producer
10   }
```

5.3.5　枚举

枚举通常是一组相关值的集合，无法被实例化，其中定义的属性最好全大写；多单词间用下划线分隔。比如表示订单的状态。

枚举样例代码如下：

```
1    enum Status {
2        o   CREATED
3        o   WATING
4        o   CANCELED
5        o   FINISHED
6    }
7    // 在订单中引用枚举
8    asset Order identified by id {
9        ...
10       o   Status status
11   }
```

5.3.6　概念

概念表示多个资源中通用的属性，无法被实例化。比如参与者类型很多时，我们可以将所有参与者共有的属性用概念来表示(也可以使用抽象类和继承)。

概念样例代码如下：

```
1    concept Info {
2        o   String name
3        o   String info
4    }
5
6    participant Postman identified by id {
7        o   String id
8        o   Info info
9    }
```

5.3.7　CTO 语言特性

CTO 建模语言和 SQL 建表语句——指定名称、标识主键、列举字段——十分相似。此外，CTO 语法还包括属性默认值以及可选属性。

属性默认值和可选属性样例代码如下：

```
1    participant User identified by id {
2        o   String id
3        o   String email optional // 可选属性
4        o   String country default = "CN" // 默认值
5    }
```

1. 正则表达式

Composer 还可以限制属性取值范围，支持正则表达式。

正则表达式为用户姓名和年龄属性定制了规则，其样例代码如下。

```
1    participant User identified by id {
2        o   String id
3        o   String name regex=/^[A-z][A-z]/
4        o   Integer age range=[1, 100] //  限制整数范围
5    }
```

2. 继承样例代码

CTO 建模语言使用面向对象的思想，支持资源之间的继承(Extends)以及抽象类(Abstract)。

继承样例代码如下：

```
1    abstract participant Man identified by id {
2        o   String id
3        o   String name
4    }
5
6    participant Policeman extends Man {
7        o   String work;
8    }
```

3. CTO 建模语言须遵循的规范

CTO 建模语言还有一些高级特性，如注解，但须遵循以下规范：

(1) 注解可以定义在除概念和枚举外的所有资源上。

(2) 注解可以定义在除概念之外的所有属性和依赖上。

(3) 同一资源和属性上可定义多个注解，但不能同名。

(4) 每条注解可定义多个参数。

下面样例的注解是合法的：

```
1    @normal("arg0", "arg1")
2    @special("arg0", "arg1", "arg2")
3    participant Buyer extends Person {
4    }
```

定义好注解后，我们可以在业务逻辑代码(Js)中获取注解的参数，代码如下：

```
1    //  获取注解的参数列表数组，并取第 3 个参数
2    const val = myField.getDecorator('normal').getArguments()[2];
```

4. 导入其他命名空间

CTO 建模语言还支持导入其他命名空间。

通过 Import 语句，可以使用其他命名空间中定义的资源，但注意资源名称不能冲突。

导入命名空间样例代码如下：

```
1    import org.example.MyAsset
2    import org.example2.*
```

在该代码中，第一行表示只引入某个资源，第二行表示引入该命名空间的全部资源。

5.4　开发你的第一个业务网络

实战前，首先要明确开发业务网络的几大步骤，即需求分析、设计、实现、测试、维护。

在开发一个业务网络前，首先要进行需求分析，从多个角度出发，思考这个网络要做什么、涉及什么、有什么场景。

接下来是设计阶段，类似数据库设计，要抽象出网络中的资源并确定资源之间的依赖关系，然后设计需要的交易函数。

明确需求并完成对网络的设计后，进入开发阶段：首先编写模型代码，再编写业务逻辑(链码，在 Composer 中称为交易函数)。最后从多个角度扩充和丰富网络，如添加访问控制，提高网络的安全性。

网络开发完成后，需要模拟真实场景对业务网络进行测试，发现网络中的潜在错误，尽可能地避免后期修改。

对于通过测试的网络，需要使用工具将其打包并部署到区块链上。如何快捷方便地维护和监控运行中的业务网络也是开发者需要考虑的问题。

下面通过搭建第一个业务网络——卡牌交易网络，来了解 Hyperledger Composer 的开发流程。

5.4.1　网络定义

卡牌交易网络是一个简单的网络。在卡牌交易网络中，卡牌商人可以生产卡牌，玩家可以从商人手里购买卡牌。

该网络由如下资源组成：

(1) 资产：卡牌。

(2) 参与者：卡牌商人，玩家。

(3) 交易：卡牌商人生产卡牌，玩家购买卡牌。

开发流程如下：

(1) 生成工程目录模板。

(2) 资源建模：编写 CTO 文件。

(3) 业务逻辑：编写交易 JS 脚本。

(4) 访问控制：编写 ACL。

下面对开发流程进行详细讲解。

5.4.2　生成工程目录模板

(1) 进入到配置环境时指定的 Fabric 工作目录文件夹，命令行如下：

```
1    cd ~/fabric-tools
```

(2) 通过 Yeoman 自动生成工程目录结构模板(搭建环境时已安装 Yoeman 和模板)，如图 5-3 所示。

```
1    yo hyperledger-composer:businessnetwork
```

```
Welcome to the business network generator
? Business network name: card-network
? Description: card-network
? Author name: yupi
? Author email: 592789970@qq.com
? License: Apache-2.0
? Namespace: org.card.biznet
? Do you want to generate an empty template network? (Use arrow keys)
> Yes: generate an empty template network
  No: generate a populated sample network
```

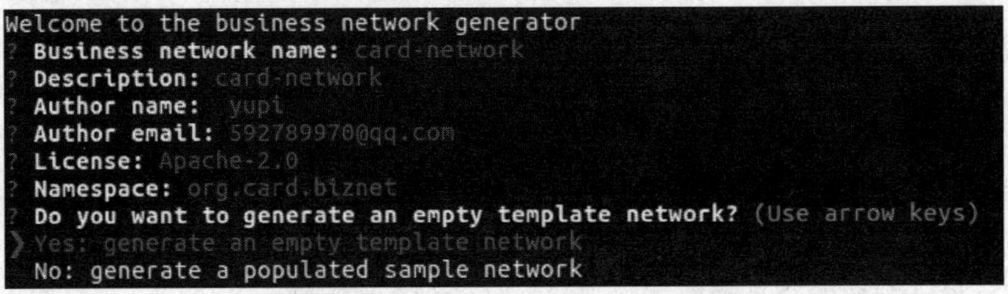

图 5-3　使用 Yeoman 生成工程目录结构模板

(3) 选择生成空模板，将创建模板文件，如图 5-4 所示。

```
create package.json
create README.md
create models/org.card.biznet.cto
create permissions.acl
create .eslintrc.yml
```

图 5-4　使用 Yeoman 生成模板文件成功

此时，便成功生成了一个 CTO 文件(文件名为我们指定的命名空间)、ACL 访问控制文件以及 package.json 打包信息文件。

5.4.3　资源建模

资源建模是指在 CTO 文件中定义卡片交易网络中的资源。Yeoman 已经自动生成了 models 文件夹和一个 CTO 文件，在该 CTO 文件开头指定了命名空间(与文件名相同)，代码如下：

```
1    namespace org.card.biznet
```

在建模前一定要注意分清资源的类型，不同类型的资源在定义时对应的关键字也不同。Asset 和 Participant 必须指定主属性，Transaction 不能指定主属性。

1. 资产定义

卡片属于资产。定义卡片的代码如下：

```
1    asset Card identified by id {
2        o    String id
3        o    String name    // 名称
4        o    Integer price    // 价格
5        o    DateTime createDate // 生产日期
6        -->Man owner    // 主人
7    }
```

2. 参与者定义

定义参与者时有一个小技巧，由于卡片商人和玩家有很多共同的属性，如 ID、姓名和资金，因此可以定义一个抽象类，让二者去继承。

卡片商人和玩家的定义代码如下：

```
1    /**
2    抽象参与者
3    */
4    abstract participant Man identified by id {
5        o    String id
6        o    String name    // 姓名
7        o    Integer money    // 资金
8    }
9
10   /**
11   卡片商人
12   */
13   participant CardSeller extends Man {
14       o    String shopName // 商店名
15   }
16
17   /**
18   玩家
19   */
20   participant Player extends Man {
21   }
```

 参与者定义使用面向对象编程中的抽象类来简化代码。

3. 定义交易

在定义交易时，交易的属性和后面要编写的交易函数的传入参数相对应。当通过交易创建资产时，属性通常包含要被创建的资产的属性。类似于创建一个对象时，要通过传参来对其属性进行初始化。

生产卡片交易 Transaction 的定义代码如下：

```
1    transaction CreateCardTransaction {
2        o  String name   // 卡片名
3        o  Integer price  // 卡片价格
4        -> CardSeller cardSeller   // 卡片商人
5    }
```

而修改资产时，定义交易通常须包含大量依赖。比如购买卡片时，卡片的所有者将会改变，购买者的资金将会减少，商人的资金相应地会增加。因此执行交易时须指明是哪个玩家购买了哪张卡片。

购买卡片交易 Transaction 的定义代码如下：

```
1    transaction BuyCardTransaction {
2        --> Player buyer    // 购买者
3        --> Card card   // 卡片
4    }
```

注意：在该交易中只包含了 buyer 和 card 两个依赖，因为卡片的主人(即商人)可以在 Card 的 owner 属性中获取。交易传递参数时将会递归地传递依赖及依赖的依赖。

此时，CTO 建模就大功告成了，下面来实现在该 CTO 中定义的两个交易。

5.4.4　业务逻辑

Hyperledger Composer 中的业务逻辑是写在 js 函数中的，CTO 中定义的每个交易都必须对应着一个 js 中的函数。

通过 Yeoman 生成的空项目模板并不包含 lib 文件夹和 js 文件，需要开发者手动创建。现在的工程目录如图 5-5 所示。

图 5-5　card-network 工程目录

接下来依次编写 CTO 中定义好的交易。**注意**：不是所有 js 中的函数都会被识别为交易函数，必须使用 doc 注释和注解来声明一个函数为交易函数，代码如下：

```
1    /**
2    制作卡片
3    @param {org.card.biznet.CreateCardTransaction} tx
4    @transaction
5    */
```

代码说明如下：

@param 注解用于指定在 CTO 中定义的交易，tx 表示向 js 函数中传入的参数名。

@transaction 注解用于声明该函数为交易函数。

二者缺一不可。

编写交易函数非常简单，代码如下(建议在 logic.js 开头先定义一些常量)：

```
1    // 命名空间
2    const NS = "org.card.biznet"
3    // 工厂对象
4    const factory = getFactory();
```

此处定义的命名空间名称(NS)能够方便后续获取资源实例和注册器。logic.js 中所有的新实例和关系都需要通过 factory 对象去创建(factory 对象的实现基于设计模式中的工厂模式)。

生产卡片交易的实现代码如下：

```
1    /**
2    制作卡片
3    @param {org.card.biznet.CreateCardTransaction} tx
4    @transaction
5    */
6    async function createCard(tx) {
7        // 取参数对象
8        var cardSeller = tx.cardSeller;
9        // 如果钱数足够生产
10       if (cardSeller.money >= 10) {
11           // 花费 10 元
12           cardSeller.money -= 10;
13           // 生成唯一卡片 id
14           var cardId = cardSeller.id + new Date().getTime();
15           // 通过工厂生成一个卡片实例
```

```
16          var card = faCTOry.newResource(NS, 'Card', cardId);
17          // 给新卡片赋值
18          card.name = tx.name;
19          card.price = tx.price;
20          card.createDate = new Date();
21          vcard.owner = cardSeller;
22          // 取注册器
23          var cardRegistry = await getAssetRegistry(NS + '.Card');
24          var cardSellerRegistry = await getParticipantRegistry(NS + '.CardSeller');
25          // 添加卡片
26          await cardRegistry.add(card);
27          // 更新卡片商人
28          await cardSellerRegistry.update(cardSeller);
29      } else {
30          // 钱数不足，抛出异常
31          throw new Error("money not enough to create a card");
32      }
33  }
```

这段代码包含最简单的业务逻辑判断，即商人有足够的钱即可生产卡片。其整体业务逻辑可被简述为检查商人的参与者信息，判断金额是否足够→产生新的卡片实例并对其属性进行赋值操作→与注册器交互，更新相关资源的状态。注释已经足够详细，相信大家都能读懂。但是注意这段代码有几个要点：

(1) 函数前加 async，这是 ES7 的异步关键字。获取注册器和 CRUD 操作都是异步的，因此需要进行同步控制，否则将会获取不到注册器或是在多个 CRUD 时代码提前返回时导致调用失败。开发者只需在函数调用前加 await 即可使异步函数同步执行，省略了定义 promise 的麻烦。

(2) 获取新实例时需传入 ID，这个 ID 要由自行拼接或参数传入。

(3) 使用注册器的方法进行 CRUD 操作，注意要加 await 关键字来同步。

(4) 通过抛出异常的方式来使交易失败。

第一个交易函数实现了新建资产，下面编写转移资产的代码。

购买卡片交易代码如下：

```
1   /**
2    * 购买卡片
3    * @param {org.card.biznet.BuyCardTransaction} tx
4    * @transaction
5    */
6   async function buyCard(tx) {
```

```
7              // 取参数对象
8              var buyer = tx.buyer;
9              var card = tx.card;
10             var seller = tx.card.owner;
11             // 是否有足够钱购买
12             if (buyer.money >= card.price) {
13                 // 取注册器
14                 var playerRegistry = await getParticipantRegistry(NS + '.Player');
15                 var cardRegistry = await getAssetRegistry(NS + '.Card');
16                 var cardSellerRegistry = await getParticipantRegistry(NS + '.CardSeller');
17                 // 交易逻辑
18                 buyer.money -= card.price;
19                 seller.money += card.price;
20                 // 改变卡片主人
21                 card.owner = buyer;
22                 // 更新卡片、购买者、出售者
23                 await cardRegistry.update(card);
24                 await playerRegistry.update(buyer);
25                 await cardSellerRegistry.update(seller);
26             } else {
27                 throw new Error("money not enough to buy this card");
28             }
29     }
```

交易逻辑十分简单，即玩家资金扣除，商人资金增加。

有经验的读者会担心事务问题：如果玩家钱数减少了，并且成功更新，但商人增加资金失败了，怎么办呢？不必担心，Hyperledger Composer 中所有的交易函数都是原子性操作。只要该函数中任何一步操作失败，交易都将被判为失败，并进行回滚。

5.4.5　访问控制

通过访问控制，可以限制哪些参与者能够对哪些资源进行何种权限的访问。访问控制列表文件后缀为.acl。

虽然本示例中不需要使用 ACL，但是默认不配置 ACL 会使所有资源禁止被任何参与者访问，因此必须在 permissions.acl 中配置开放管理员的访问权限。访问权限包含访问网络和访问系统资源两部分。

Yeoman 已经自动生成了默认配置文件 permissions.acl，可直接查看。

配置文件 permissions.acl 代码如下：

```
1    rule NetworkAdminUser {
2        description: "Grant business network administrators full access to user resources"
3        participant: "org.hyperledger.composer.system.NetworkAdmin"
4        operation: ALL
5        resource: "**"
6        action: ALLOW
7    }
8
9    rule NetworkAdminSystem {
10       description: "Grant business network administrators full access to system resources"
11       participant: "org.hyperledger.composer.system.NetworkAdmin"
12       operation: ALL
13       resource: "org.hyperledger.composer.system.**"
14       action: ALLOW
15   }
```

每条 ACL 均对应一个对象。对象中定义了多个属性，其中 participant 属性用于指定参与者，operation 属性用于指定某操作(多条的话用逗号分隔)或 ALL，Resource 属性用于指定资源(**表示所有资源及其子空间资源)，Action 属性用于指定控制策略是允许(ALLOW)还是禁止(DENY)。

至此，全部代码已编写完成，接下来学习如何进行打包部署和测试。

5.5 部署和测试

开发完成后，需要将代码文件打包、部署在 Fabric 网络上，并进行可视化的测试。

5.5.1 打包

进入终端，使用 cd 命令切换当前目录至 card-network 目录，通过 Composer 命令打包全部代码，命令行如下：

```
1    # 切换至工程目录
2    cd ~/fabric-tools/card-network
3    # 运行 composer 打包命令
4    composer archive create -t dir -n .
```

其中，-t 参数表示打包类型为目录；-n . 用于指定 package.json 打包文件的位置为当前目录。

package.json 定义了业务网络的名称和版本等打包信息。当要升级网络时，务必修改其中的版本号，否则会报版本已存在的错误。

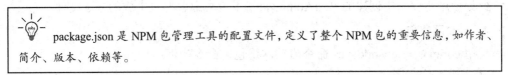

package.json 是 NPM 包管理工具的配置文件，定义了整个 NPM 包的重要信息，如作者、简介、版本、依赖等。

card-network 目录下生成了 card-network@0.0.1.bna 文件，即业务网络包，如图 5-6 所示。

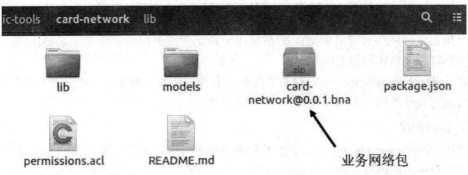

图 5-6　项目目录结构及生成的 bna 包

有了业务网络包后，可对其进行部署。部署方式有手动部署和 Composer Playground 可视化自动部署两种方式，下面进行详细讲解。

5.5.2　手动部署

手动部署方式需要经历如下步骤：启动 Fabric 网络、创建节点管理员、安装网络包、启动网络包、生成业务网络管理员卡等，较为复杂。

1. 启动 Fabric Runtime

通过 Composer 提供的一键启动脚本启动网络，方便快捷，命令行如下：

```
1    ./startFabric.sh
```

2. 创建节点管理员

启动网络之后要创建节点管理员 Card。由于业务网络是部署在 Peer 节点上的，因此必须要拥有管理权限，使 Composer 能够访问 Fabric 网络并在节点上部署应用。创建节点管理员命令行如下：

```
1    ./createPeerAdminCard.sh
```

3. 安装网络包

使用 composer network install 命令安装网络包，命令行如下：

```
1    composer network install -c PeerAdmin@hlfv1 -a card-network@0.0.1.bna
```

其中，-c 参数用于指定节点管理员卡；-a 参数用于指定生成的业务网络包。此处使用步骤 2 中创建的 PeerAdmin@hlfv1 卡去部署打包生成的 bna 文件。

4. 启动网络包

使用 composer network start 命令启动网络包，命令如下：

```
1    composer network start -n card-network -V 0.0.1 -A admin -S adminpw -c PeerAdmin@hlfv1 -f
     networkAdmin.card
```

其中，-n 参数用于指定业务网络名称；-A 参数用于指定业务网络管理员名称；-S 参数用于指定业务网络管理员密钥；-f 参数用于指定生成的网络管理员卡名称(可省略，默认为网络管理员名和网络名的组合)。

通过 PeerAdmin@hlfv1 卡启动网络并指定名称、版本、网络管理员、管理员密码后，将会自动为该业务网络管理员生成一个 Card 文件。

5. 访问网络

使用 composer card import 命令将刚生成的业务网络管理员卡导入钱包，之后就可以通过管理员身份访问网络，命令行如下：

```
1    composer card import -file networkAdmin.card
```

6. 查看 card 文件列表

使用 composer card list 命令查看 Card 文件列表，命令行如下：

```
1    composer card list
```

7. 网络测试

使用 composer network ping 命令测试网络是否启动成功，命令行如下：

```
1    composer network ping -card admin@card-network
```

8. 启动 rest-server

指定以网络管理员身份启动 rest-server，-n 参数表示不使用命名空间，命令行如下：

```
1    composer-rest-server -c admin@card-network -n never
```

5.5.3 自动部署

采用自动部署时，推荐使用 Hyperledger Playground 可视化界面自动部署项目。

Composer Playground 的 Web 界面会调用 Composer Rest Server 提供的接口来访问业务网络，如图 5-7 所示。

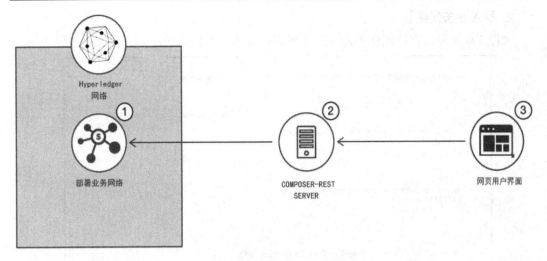

图 5-7　Composer Playground 工作流

使用 Composer Playground 部署业务网络非常简单，下面介绍详细步骤。

1. 启动 Composer Playground

直接执行下列命令即可启动 Composer Playground：

```
1    composer-playground
```

Composer Playground 支持连接实际业务网络(即本地 Fabric Runtime)和 Web 模拟业务网络(利用 localStorage)。我们使用 Web 方式即可，省去了启动 Fabric 的麻烦，如图 5-8 所示。

图 5-8　Web 方式部署业务网络包

2. 导入业务网络包

如图 5-9 所示，在可视化界面导入文件即可导入业务网络包。

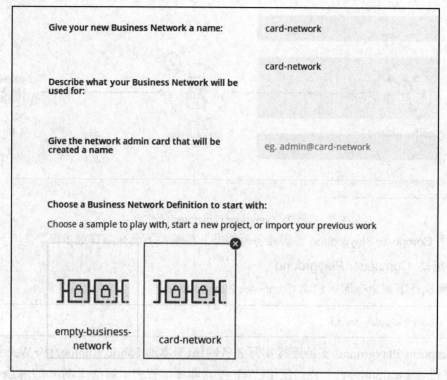

图 5-9　可视化导入业务网络包

3. 部署

点击 Deploy 即可确认部署，如图 5-10 所示。

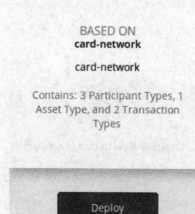

图 5-10　确认部署

4. 连接业务网络

完成上述步骤，回到主页，可以看到关于 Card-Network 业务网络的访问框。点击

Connect now 即可连接网络，如图 5-11 所示。

图 5-11　连接业务网络

5. 测试

切换至 test 界面，进行测试，如图 5-12 所示。

图 5-12　切换至测试界面

1) 创建卡片商人

左边列表可以切换资源，方法为：选中 CardSeller，点击最右边按钮，添加一个 CardSeller；然后点击弹窗下方 Generate Random Data 生成随机数据；最后创建一个 ID 为 1、拥有 10 块钱的卡片商人即可，如图 5-13 所示。

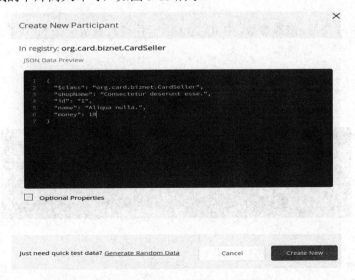

图 5-13　创建 ID 为 1、资金为 10 的卡片商人

卡片商人创建成功后会看到如图 5-14 所示的信息。

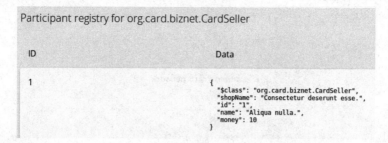

图 5-14　创建卡片商人成功

2) 创建玩家

按照上述方法继续创建一个 ID 为 1、有 100 块钱的玩家，如图 5-15 所示。

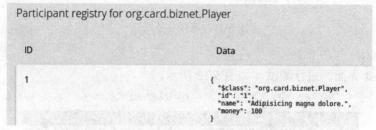

图 5-15　创建 ID 为 1、资金为 100 的玩家

3) 执行交易

下面执行交易，点击左下方按钮，如图 5-16 所示。

Submit Transaction

图 5-16　执行交易按钮

4) 制造卡片

选择制造卡片交易，修改参数，由 ID 为 1 的卡片商人制造一张 50 块钱的卡，如图 5-17 所示。

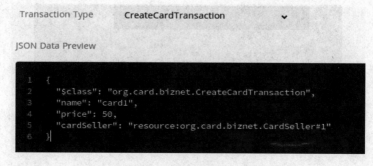

图 5-17　执行制造卡片交易

5) 生成卡片

制造成功，生成了一张 Card，同时卡片商人的资金减少 10，如图 5-18 所示。

图 5-18　制造卡片交易执行成功

6) 购买卡片

接下来测试购买卡片交易，修改 Card 和玩家的 ID 值，如图 5-19 所示。

图 5-19　执行购买卡片交易

执行交易后，Card 的 owner 变为 Player#1，同时 ID 为 1 的玩家资金减少 50，ID 为 1 的商人资金增加 50。通过左边列表 All Transactions 可以查看所有历史交易，如图 5-20 所示。

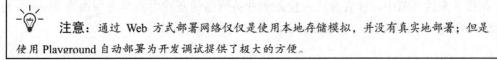

图 5-20　查看历史交易列表

7) 修改文件和升级网络

当我们需要修改文件和升级网络时，选择顶部 define 选项卡，点击左边 files 修改文件，然后点击左下方部署按钮即可，如图 5-21 所示。

修改文件时如果文件中包含语法错误，Playground 会给出提示，参照修改即可。

注意：通过 Web 方式部署网络仅仅是使用本地存储模拟，并没有真实地部署；但是使用 Playground 自动部署为开发调试提供了极大的方便。

图 5-21 修改代码界面

本 章 小 结

本章带领读者从零开始学习 Hyperledger Composer，先给出开发业务网络的整体思路，然后依次讲解了搭建环境、CTO 建模语言、业务逻辑代码编写、部署和测试的方法，并且完成了一个简单的卡片交易业务网络。

读者此时应对 Hyperledger Composer 的开发流程有了基本的了解，并且感受到通过 Composer 开发区块链应用的方便。

本章重点掌握知识如下：

(1) 什么是 Hyperledger Composer。

(2) CTO 建模语言。

(3) 如何编写业务逻辑代码。

(4) 如何手动安装部署一个业务网络。

(5) 如何利用 Composer Playground 进行测试。

实际上，Hyperledger Composer 的功能还远不止这些。

在接下来的章节中，读者会正式投入到业务网络的开发中，学习和探索 Hyperledger Composer 更多强大的功能，了解更多设计原则和网络扩展思路。

第 6 章　Hyperledger Composer 业务网络实战——基础篇

在第 5 章，我们学习了 Hyperledger Composer 的基础知识以及如何开发一个最基础的业务网络。

区块链最适合的场景就是交易业务，因此，本章将通过两个简单的涉及交易的业务网络项目实践来帮助读者快速熟悉 Hyperledger 业务网络的开发方式和测试过程，感受使用 Composer 框架开发区块链应用的灵活性与高效性。

【学习目标】

➤ 学习 Hyperledger Composer 基础语法；
➤ 能使用可选属性；
➤ 会定义和触发事件；
➤ 掌握测试业务网络的方法；
➤ 扩展网络的思路。

6.1　易腐货物网络案例分析

在易腐货物交易网络中，种植者会生产易腐货物(如水果、咖啡等)，然后将其出售给进口商。而运输者负责在货物完全腐烂之前将其从种植者所在地运输到进口商所在地。

种植者、进口商、运输者三方之间将签订一个交易合同，交易成功后进口商会支付给种植者和运输者一定费用。若运输者未在货物腐烂前运送给进口商，则必须向种植者赔偿货物费用，同时赔偿给进口商一定违约金。

下面按照步骤对该网络进行开发。

6.1.1　网络建模

分析业务需求后，首先要对需求中涉及的对象和交易建模。

该业务网络涉及如下内容：

- 易腐货物；
- 业务合作伙伴，比如种植者、运输者和进口商；
- 三方签订的交易合同；
- 易腐货物的生产、装运；
- 货物腐烂；

- 货物送达。

 真实的场景会比这复杂很多。本章的业务网络将真实场景简化，仅涉及最核心的交易部分。

1) 资产

资产是指在业务网络中具有一定价值、可被交易或修改状态的物品，通常为某个参与者所拥有。

在易腐货物网络中，资产包括如下内容：

- 易腐货物(苹果、香蕉和咖啡)；
- 三方共同签订的交易合同。

2) 参与者

加入业务网络的成员叫做参与者。在易腐货物网络中，将模拟易腐货物从生产到运输到最终成功出售所经过的流程，因此需要如下参与者：

- 种植易腐货物的种植者；
- 运输易腐货物的运输者；
- 购置易腐货物的进口商。

3) 访问控制

在业务网络中，访问控制通常是不可或缺的。它能够控制哪些人能够对哪些资源进行哪种权限的访问，即隐私保护和权限控制。

在易腐货物网络中，暂时不需要进行访问控制，使用默认的开放规则即可。

4) 交易

区块链是一个分布式账本，账本上记录的便是交易。交易通常涉及资产的改变或转移，会影响到区块链账本的状态，类似于区块链中的"智能合约"。

在业务网络中，通过发起交易来执行对应的业务逻辑。

易腐货物网络将会产生如下交易：

(1) 种植出易腐货物；

(2) 种植者、进口商、运输者三方签订交易合同；

(3) 货物送达；

(4) 货物中途腐烂。

5) 事件

若开发者希望区块链中产生交易或某资产发生改变时能够收到相应的通知提醒或执行相关后续操作，则可以使用事件机制。

事件采用的是发布/订阅方式，区别于发送/接收方式。所有订阅了事件的用户(应用程序)在该事件发生时都会收到相应的通知，以进行相应的处理。

易腐货物网络的事件是当货物腐烂时发出警报。

确认上述模型后，开始编写代码实现模型和交易。

6.1.2 代码实现

在第 5 章中，读者应已熟悉工程模板的生成、基本的 CTO 建模语法以及简单业务逻辑代码的编写。

代码编写包括 CTO 建模、业务逻辑、访问控制列表三个部分。首先，使用 Yeoman 生成工程目录结构，并新建 lib 文件夹和 logic.js，工程目录结构如图 6-1 所示。

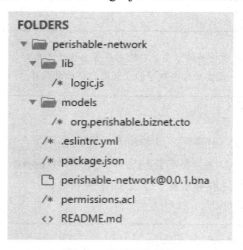

图 6-1 工程目录结构

下面依次完成三个部分的代码编写。

1. CTO 建模

CTO 建模就是编写.cto 文件，将业务网络涉及的资源用面向对象语法来表示。

模板自动在 cto 文件开头生成了命名空间，代码如下：

```
1    namespace org.perishable.biznet
```

1) 枚举

由于易腐货物具有相同的属性(如名称)，因此无需把每种货物都定义一个资产，只需定义一个枚举来表示货物类别即可。

假设货物类别有苹果、香蕉和咖啡，则该货物类别的枚举代码如下：

```
1    enum GoodsType {
2        o   APPLES                    // 苹果
3        o   BANANAS                   // 香蕉
4        o   COFFEE                    // 咖啡
5    }
```

枚举类常用来表示一组同类型的值，如状态。

本例中的货物状态包括已创建、运输中、已送达和已腐烂，该货物状态的枚举代码如下：

```
1    enum GoodsStatus {
2        o  CREATED            // 已创建
3        o  IN_TRANSIT         // 运输中
4        o  ARRIVED            // 已送达
5        o  BLET               // 已腐烂
6    }
```

> 枚举只是一种表示状态的方法。当状态很多且名称复杂时，也可以使用不同的整数值来表示不同的状态，但一定要对每个数字的含义进行详细的注释。

2) 资产

对于拥有相同属性(如 id)的资产或参与者，可以使用抽象类来节约代码量。抽象类无法被实例化，但它可被用作该类型的其他资产的超类型(super-type)。资产将拥有所指定的超类型所拥有的属性，并且能够根据定义追加新的属性。

资产抽象类定义代码如下：

```
1    abstract asset BaseAsset identified by id {
2        o  String id
3        o  String name                    // 名称
4    }
```

易腐货物定义代码如下：

```
1    asset Goods extends BaseAsset {
2        o  GoodsType type              // 类型
3        o  GoodsStatus status          // 状态
4        o  DateTime createDate         // 创建日期
5        -->Grower grower               // 种植者
6        -->Shipper shipper optional    // 运输者
7        -->Importer importer optional  // 进口商
8    }
```

注意：资产类"Goods"的超类型"BaseAsset"的抽象属性不会被其继承。

由于易腐货物刚产生时还无法确定运输者和进口商，因此要为这两个属性添加optional(可选的)关键字，使得该属性接受空值，否则在创建实例时会报错。

交易合同定义代码如下：

```
1    asset Contract extends BaseAsset {
2        o  Double goodsPrice           // 货物价格
3        o  Double shipperFee           // 运输费
```

```
4          o    Double bletFee              // 腐烂赔偿费
5          o    DateTime createDate         // 创建日期
6          -->Goods goods                   // 货物
7          -->Grower grower                 // 种植者
8          -->Shipper shipper               // 运输者
9          -->Importer importer             // 进口商
10    }
```

这个资产比较复杂，但是合同中必须清楚指出合同的签订者以及各种费用，因为合同是唯一的约定凭证。在定义资产属性时，可以通过"-->"表示对某个资源类的引用关系，引用关系是单向的。

3) 参与者

参与者抽象类定义代码如下：

```
1    abstract participant Man identified by id {
2          o    String id
3          o    String name                 // 姓名
4          o    String address              // 地址
5          o    Double money                // 金钱
6    }
```

该抽象类定义了业务网络参与者的通用属性，其他参与者只需继承该抽象类即可。

种植者代码如下：

```
1    participant Grower extends Man {
2    }
```

进口商代码如下：

```
1    participant Importer extends Man {
2    }
```

运输者代码如下：

```
1    participant Shipper extends Man {
2    }
```

得益于抽象类，代码量大大减少。建模者可通过在各角色对应的参与者类中追加属性，使相应角色能够支持相应的其他业务功能。

4) 交易

交易中的属性和依赖对应于业务逻辑交易函数的参数。调用交易函数时，会传入一个交易实例，从交易实例中可获取到输入参数，因此，在定义交易模型时也要考虑交易函数的参数，类似编写面向对象编程语言中的接口。

定义交易模型的属性和依赖的三个原则如下：

- 全面：保证参数满足业务需求；
- 精准：避免无用的参数；
- 易读：属性名称和类型对应，并适当添加注释。

接下来讲述易腐货物网络中的交易定义。

生产易腐货物交易结构体代码如下：

```
1    transaction PlantGoods {
2        o   String name              // 货物名称
3        o   GoodsType type           // 货物类型
4        -->Grower grower             // 种植者
5    }
```

签订合同交易结构体代码如下：

```
1    transaction SignContract {
2        o   String name              // 合同名称
3        o   Double goodsPrice        // 货物价格
4        o   Double shipperFee        // 运输费
5        o   Double bletFee           // 腐烂赔偿费
6        -->Goods goods               // 货物
7        -->Grower grower             // 种植者
8        -->Shipper shipper           // 运输者
9        -->Importer importer         // 进口商
10   }
```

不难发现，合同交易的属性和合同资产的属性几乎一致，这是因为在该交易中会创建一个合同实例，而这个实例的属性值取决于对应的交易实例属性值。

虽然从 Goods 资产中已经可以获取到种植者，但为了保证易读性以及方便获取参数，此处将种植者显式定义。

货物送达交易结构体代码如下：

```
1    transaction GoodsArrived {
2        -->Contract contract                 // 合同
3    }
```

此处通过一个合同依赖即可获取到所有参与合同签订的参与者，因此无需显式定义它们，以便代码更加精简，避免属性冗余。在该阶段中，若交易双方确认货物运输行为已完成，则可对所引用合约进行相应的履约操作。

货物腐烂结构体代码如下：

```
1    transaction GoodsBlet {
2        -->Goods goods            // 腐烂的货物
3    }
```

5) 事件

如何在货物腐烂时，向客户端发送一个通知呢？可以通过定义事件来实现。

货物腐烂事件代码如下：

```
1    event GoodsEvent {
2        o    String name          // 名称
3        -->Goods goods            // 腐烂的货物
4    }
```

下面编写业务逻辑代码，其本质就是实现 CTO 文件中定义的交易函数。

2. 业务逻辑

Hyperledger Composer 的业务逻辑代码写在 lib 目录下的 js 文件中。Yeoman 已经默认生成了 logic.js，直接编写该文件即可。

1) 常量定义

在交易函数前，可以定义一些在函数中经常使用的对象、变量、枚举等。

```
1    const factory = getFactory();
2    const NS = 'org.perishable.biznet';
3
4    /**
5    货物类型
6    */
7    const goodsType = {
8        APPLES: "APPLES",
9        BANANAS: "BANANAS",
10       COFFEE: "COFFEE"
11   }
12
13   /**
14   货物状态
15   */
```

```
16    const goodStatus = {
17        CREATED: "CREATED",
18        IN_TRANSIT: "IN_TRANSIT",
19        ARRIVED: "ARRIVED",
20        BLET: "BLET"
21    }
```

上述代码中，getFactory 是 Hyperledger Composer 提供的 API，用于获取工厂对象；工厂用于创建新的资源实例。

由于命名空间将多次出现在交易函数中，因此在开头将其定义成常量。

在 CTO 建模时定义的枚举在 js 中推荐转换为定义一个属性名全部大写的对象，属性值定义成对应的大写字符串。

2) 种植易腐货物

编写交易函数的一般流程如图 6-2 所示。

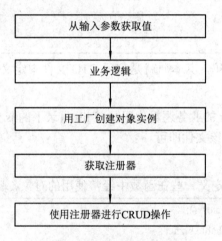

图 6-2　编写交易函数的流程

种植者须消耗一定金钱去种植货物，即创建易腐货物实例。如果金钱不足，则不能种植。

交易函数的详细代码如下：

```
1    /**
2     * 种植货物
3     *   @param {org.perishable.biznet.PlantGoods} tx
4     * @transaction
5     */
6    async function plantGoods(tx) {
7            // 取参数对象
8            var grower = tx.grower;
9            // 是否有足够金钱种植
10       if (grower.money >= 10) {
```

```
11          // 消费
12          grower.money -= 10;
13          // 生成唯一货物 id
14          var goodsId = grower.id + new Date().getTime();
15          // 使用工厂创建新的货物实例
16          var goods = factory.newResource(NS, 'Goods', goodsId);
17          // 赋值
18          goods.name = tx.name;
19          goods.type = tx.type;
20          // 初始状态为"已创建"
21          goods.status = goodStatus.CREATED;
22          goods.createDate = new Date();
23          goods.grower = grower;
24          // 取注册器
25          var goodsRegistry = await getAssetRegistry(NS + '.Goods');
26          var growerRegistry = await getParticipantRegistry(NS + '.Grower');
27          // 添加货物
28          await goodsRegistry.add(goods);
29          // 更新种植者
30          await growerRegistry.update(grower);
31      } else {
32          throw new new Error("money not enough to plant");
33      }
34  }
```

上述代码对应的业务逻辑可被概括为：获取交易发起者的参与者信息→检查余额是否充足并扣除指定数目余额→创建新的货物实例并赋值→与注册器交互，更新相关资源的状态。每个交易函数在定义前都要添加 async 关键字，获取及使用注册器时必须添加 await 关键字。

> 🔆　　async 和 await 关键字是 es7 的语法，用于使一个异步方法变成同步方法，确保可以完整地执行函数并得到返回值。async/await 是基于 Promise 的，是进一步的一种优化。async 关键字表明函数体里面可能有异步过程，并固定返回类型为 Promise 对象，默认为非阻塞工作模式。await 只能在 async 函数内部使用。如果 await 接收到一个 Promise 对象，它会阻塞其后面的代码，直到 Promise 对象 resolve，并用 resolve 的值作为 await 表达式的运算结果。

3) 签订合同

下面的代码看似比较复杂，其实大多是给新对象赋值的冗余代码。读者可自行使用 lodash.js 等工具库来简化对象赋值操作。交易代码如下：

```
1    /**
2     * 签订合同
3     * @param {org.perishable.biznet.SignContract} tx
4     * @transaction
5     */
6    async function signContract(tx) {
7        // 取参数对象
8        var goods = tx.goods;
9        var grower = tx.grower;
10       var shipper = tx.shipper;
11       var importer = tx.importer;
12       // 生成唯一合同 id
13       var contractId = goods.id + grower.id + shipper.id + importer.id;
14       // 使用工厂创建新的合同实例
15       var contract = factory.newResource(NS, 'Contract', contractId);
16       // 赋值
17       contract.name = tx.name;
18       contract.goodsPrice = tx.goodsPrice;
19       contract.shipperFee = tx.shipperFee;
20       contract.bletFee = tx.bletFee;
21       contract.createDate = new Date();
22       contract.goods = goods;
23       contract.grower = grower;
24       contract.shipper = shipper;
25       contract.importer = importer;
26       // 给货物赋值
27       goods.importer = importer;
28       goods.shipper = shipper;
29       // 修改货物状态为"运输中"
30       goods.status = goodStatus.IN_TRANSIT;
31       // 取注册器
32       var contractRegistry = await getAssetRegistry(NS + '.Contract');
33       var goodsRegistry = await getAssetRegistry(NS + '.Goods');
34       // 添加合同
35       await contractRegistry.add(contract);
36       // 更新货物
37       await goodsRegistry.update(goods);
38   }
```

　　上述代码对应的业务逻辑可被概括为：创建合同并根据传入参数对合同属性进行赋值→更新货物(Goods)资产实例中对进口商(importer)、运输者(shipper)的引用并更新货物状态→与注册器交互，更新相关资源的状态。

　　4) 货物到达

　　货物到达后，要修改货物状态并判断货物是否腐烂。若腐烂，则运输者进行赔偿；否则进口商支付运输者和种植者一定费用。函数中须获取三个参与者和货物的注册器，对它们进行更新操作。

```
1    /**
2    * 货物送达
3    * @param {org.perishable.biznet.GoodsArrived} tx
4    * @transaction
5    */
6    async function goodsArrived(tx) {
7        // 取参数对象
8        var contract = tx.contract;
9        var goods = contract.goods;
10       var grower = contract.grower;
11       var shipper = contract.shipper;
12       var importer = contract.importer;
13       // 取注册器
14       var goodsRegistry = await getAssetRegistry(NS + '.Goods');
15       var growerRegistry = await getParticipantRegistry(NS + '.Grower');
16       var shipperRegistry = await getParticipantRegistry(NS + '.Shipper');
17       var importerRegistry = await getParticipantRegistry(NS + '.Importer');
18       // 如果货物未腐烂
19       if (goods.status != goodStatus.BLET) {
20           // 修改状态为"已送达"
21           goods.status = goodStatus.ARRIVED;
22           // 按照合同执行交易
23           importer.money -= contract.shipperFee + contract.goodsPrice;
24           grower.money += contract.goodsPrice;
25           shipper.money += contract.shipperFee;
26           await goodsRegistry.update(goods);
27       } else {
28           // 运输者须赔偿
29           shipper.money -= contract.goodsPrice + contract.bletFee;
30           importer.money += contract.bletFee;
31           grower.money += contract.goodsPrice;
```

```
32    }
33    // 更新资源
34    await growerRegistry.update(grower);
35    await shipperRegistry.update(shipper);
36    await importerRegistry.update(importer);
37    }
```

上述代码对应的业务逻辑可被概括为：调取合约中各个参与者以及货物的状态信息→检查货物状态(是否腐烂)→根据货物状态分配参与者资金→与注册器交互，更新相关资源的状态。

5) 货物腐烂

货物腐烂(在业务网络中具体表现为一个"货物腐烂"(GoodsBlet)交易被发起)时，会触发通知事件。事件可被外部应用监听并接收。

事件的触发流程如图 6-3 所示。

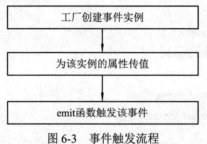

图 6-3　事件触发流程

```
1    /**
2    * 货物腐烂
3    * @param {org.perishable.biznet.GoodsBlet} tx
4    * @transaction
5    */
6    async function goodsBelt(tx) {
7        // 取参数对象
8        var goods = tx.goods;
9        // 修改货物状态为"已腐烂"
10       goods.status = goodStatus.BLET;
11       // 取注册器
12       var goodsRegistry = await getAssetRegistry(NS + '.Goods');
13       // 更新货物
14       await goodsRegistry.update(goods);
15       // 定义事件
16       var event = factory.newEvent(NS, 'GoodsEvent');
17       // 传递内容
18       event.name = goods.name + 'blet!'
```

```
19        event.goods = goods;
20        // 触发事件
21        emit(event);
22    }
```

上述代码对应的业务逻辑可被概括为：调取交易中引用的货物实例→更新货物状态为"已腐烂"→与注册器交互，更新相关资源的状态→创建新事件，定义事件类型和事件属性→触发事件。

3. 访问控制列表

目前无需对该网络进行访问控制，因此使用模板生成的默认访问控制列表文件 permissions.acl 即可，所有用户资源和系统资源都会开放访问。该文件内容如下：

```
1    rule NetworkAdminUser {
2        description: "Grant business network administrators full access to user resources"
3        participant: "org.hyperledger.composer.system.NetworkAdmin"
4        operation: ALL
5        resource: "**"
6        action: ALLOW
7    }
8
9    rule NetworkAdminSystem {
10       description: "Grant business network administrators full access to system resources"
11       participant: "org.hyperledger.composer.system.NetworkAdmin"
12       operation: ALL
13       resource: "org.hyperledger.composer.system.**"
14       action: ALLOW
15   }
```

4. 代码测试

代码编写完成，接下来使用命令将其打包并部署到 Composer Playground 上进行测试。

1) 打包

打包命令如下：

```
1    composer archive create -t dir -n .
```

2) 启动

启动 Composer Playground 命令如下：

```
1    composer-playground
```

3) 部署

以 web 方式部署，如图 6-4 和图 6-5 所示。

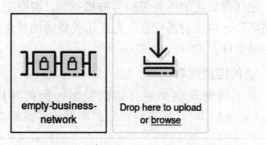

Choose a Business Network Definition to start with:

Choose a sample to play with, start a new project, or import yo

empty-business-network

Drop here to upload or browse

图 6-4　点击部署一个业务网络　　　　图 6-5　点击 Drop here 上传本地网络包

6.1.3　情景测试

接下来通过情景模拟来测试该网络。如果读者还不了解如何使用 Composer Playground 进行测试，请详细阅读第 5 章。

1. 货物交易成功

种植者种出一批香蕉，要卖给进口商，由运输者负责这批香蕉的运输，三方之间签订了一份交易合同。

合同签订后，运输者开始运输货物。

风和日丽，货物在腐烂之前成功送达给进口商。进口商将按合同支付种植者货物金额和运输者的运输费用。

(1) 创建种植者，代码如下：

```
1    // Grower Xiao Ming
2    {
3        "$class": "org.perishable.biznet.Grower",
4        "id": "1",
5        "name": "Xiao Ming",
6        "address": "China",
7        "money": 100
8    }
```

(2) 创建进口商，代码如下：

```
1    // Importer Xiao Wang
2    {
3        "$class": "org.perishable.biznet.Importer",
```

```
4          "id": "1",
5          "name": "Xiao Wang",
6          "address": "America",
7          "money": 100
8      }
```

(3) 创建运输者，代码如下：

```
1      // Shipper Xiao Li
2      {
3          "$class": "org.perishable.biznet.Shipper",
4          "id": "1",
5          "name": "Xiao Li",
6          "address": "China",
7          "money": 100
8      }
```

(4) 种植者种植香蕉。要通过 Composer Playground 执行一个交易，须先选择对应的交易类型，添加请求参数并提交。

请求数据如下：

```
1      // PlantGoods post data
2      {
3          "$class": "org.perishable.biznet.PlantGoods",
4          "name": "good bananas",
5          "type": "BANANAS",
6          "grower": "resource:org.perishable.biznet.Grower#1"
7      }
```

执行交易后，种植者花费 10 金钱来种植香蕉，结果数据如下：

```
1      // Grower Xiao Ming
2      {
3          "$class": "org.perishable.biznet.Grower",
4          "id": "1",
5          "name": "Xiao Ming",
6          "address": "China",
7          "money": 90
8      }
```

产生了一个香蕉实例，其 id 由种植者 id 和当前时间(毫秒数)拼接而成。

```
1    // Goods banana
2    {
3        "$class": "org.perishable.biznet.Goods",
4        "type": "BANANAS",
5        "status": "CREATED",
6        "createDate": "2018-09-04T13:45:44.354Z",
7        "grower": "resource:org.perishable.biznet.Grower#1",
8        "id": "11536068744353",
9        "name": "good bananas"
10   }
```

(5) 三方签订合同。发起一个签订合同交易，请求数据如下：

```
1    {
2        "$class": "org.perishable.biznet.SignContract",
3        "name": "contract by Wang&Ming&Li",
4        "goodsPrice": 20,
5        "shipperFee": 20,
6        "bletFee": 30,
7        "goods": "resource:org.perishable.biznet.Goods#11536068744353",
8        "grower": "resource:org.perishable.biznet.Grower#1",
9        "shipper": "resource:org.perishable.biznet.Shipper#1",
10       "importer": "resource:org.perishable.biznet.Importer#1"
11   }
```

创建了一份合同，结果数据如下：

```
1    // Contract
2    {
3        "$class": "org.perishable.biznet.Contract",
4        "goodsPrice": 20,
5        "shipperFee": 20,
6        "bletFee": 30,
7        "createDate": "2018-09-04T13:50:23.678Z",
8        "goods": "resource:org.perishable.biznet.Goods#11536068744353",
9        "grower": "resource:org.perishable.biznet.Grower#1",
10       "shipper": "resource:org.perishable.biznet.Shipper#1",
11       "importer": "resource:org.perishable.biznet.Importer#1",
12       "id": "11536068744353111",
13       "name": "contract by Wang&Ming&Li"
14   }
```

同时，运输的货物的 shipper 和 importer 依赖都和相应参与者关联，且状态改为"运输中"，结果数据如下：

```
1    // Goods banana
2    {
3        "$class": "org.perishable.biznet.Goods",
4        "type": "BANANAS",
5        "status": "IN_TRANSIT",
6        "createDate": "2018-09-04T13:45:44.354Z",
7        "grower": "resource:org.perishable.biznet.Grower#1",
8        "shipper": "resource:org.perishable.biznet.Shipper#1",
9        "importer": "resource:org.perishable.biznet.Importer#1",
10       "id": "11536068744353",
11       "name": "good bananas"
12   }
```

（6）货物送达。发起货物送达交易，请求数据如下：

```
1    {
2        "$class": "org.perishable.biznet.GoodsArrived",
3        "contract": "resource:org.perishable.biznet.Contract#11536068744353111"
4    }
```

货物状态修改为"已送达"，结果数据如下：

```
1    // Goods banana
2    {
3        "$class": "org.perishable.biznet.Goods",
4        "type": "BANANAS",
5        "status": "ARRIVED",
6        "createDate": "2018-09-04T13:45:44.354Z"
7    }
```

种植者金钱增加 20，结果数据如下：

```
1    // Grower Xiao Ming
2    {
3        "$class": "org.perishable.biznet.Grower",
4        "id": "1",
5        "name": "Xiao Ming",
6        "address": "China",
7        "money": 110
8    }
```

进口商金钱减少 40(运输费+货物价格)，结果数据如下：

```
1    // Importer Xiao Wang
2    {
3        "$class": "org.perishable.biznet.Importer",
4        "id": "1",
5        "name": "Xiao Wang",
6        "address": "America",
7        "money": 60
8    }
```

运输者金钱增加 20(运输费)，结果代码如下：

```
1    // Shipper Xiao Li
2    {
3        "$class": "org.perishable.biznet.Shipper",
4        "id": "1",
5        "name": "Xiao Li",
6        "address": "China",
7        "money": 120
8    }
```

2. 货物中途腐烂

种植者又种出一批苹果，要卖给进口商，由运输者负责运输，三方之间再次签订了一份交易合同。

合同签订后，运输者开始运输。

可惜，风浪导致货物在中途腐烂，运输者不得不按合同赔偿种植者和进口商。

(1) 种植者种植苹果。按上述步骤执行种植苹果交易，结果数据如下：

```
1    // Goods apple
2    {
3        "$class": "org.perishable.biznet.Goods",
4        "type": "APPLES",
5        "status": "CREATED",
6        "createDate": "2018-09-04T13:57:57.877Z",
7        "grower": "resource:org.perishable.biznet.Grower#1",
8        "id": "11536069477877",
9        "name": "good apples"
10   }
```

种植者金钱减少 10 (种植费)，结果数据如下：

```
1   // Grower Xiao Ming
2   {
3       "$class": "org.perishable.biznet.Grower",
4       "name": "Xiao Ming",
5       "money": 100
6   }
```

(2) 三方签订合同。执行签订合同交易，请求数据如下：

```
1    {
2        "$class": "org.perishable.biznet.SignContract",
3        "name": "nice contract",
4        "goodsPrice": 20,
5        "shipperFee": 20,
6        "bletFee": 30,
7        "goods": "resource:org.perishable.biznet.Goods#11536069477877",
8        "grower": "resource:org.perishable.biznet.Grower#1",
9        "shipper": "resource:org.perishable.biznet.Shipper#1",
10       "importer": "resource:org.perishable.biznet.Importer#1"
11   }
```

创建了一个新的合同，结果数据如下：

```
1    // Contract
2    {
3        "$class": "org.perishable.biznet.Contract",
4        "goodsPrice": 20,
5        "shipperFee": 20,
6        "bletFee": 30,
7        "createDate": "2018-09-04T14:01:12.558Z",
8        "goods": "resource:org.perishable.biznet.Goods#11536069477877",
9        "grower": "resource:org.perishable.biznet.Grower#1",
10       "shipper": "resource:org.perishable.biznet.Shipper#1",
11       "importer": "resource:org.perishable.biznet.Importer#1",
12       "id": "11536069477877111",
13       "name": "nice contract"
14   }
```

(3) 货物腐烂。执行货物腐烂交易，请求数据如下：

```
1    {
2        "$class": "org.perishable.biznet.GoodsBlet",
3        "goods": "resource:org.perishable.biznet.Goods#11536069477877"
4    }
```

苹果的状态改变为"已腐烂"，结果数据如下：

```
1    // Goods apple
2    {
3        "$class": "org.perishable.biznet.Goods",
4        "type": "APPLES",
5        "status": "BLET",
6    }
```

该交易函数触发了一个事件，可以在 Playground 左侧的历史记录中查看，如图 6-6 所示。

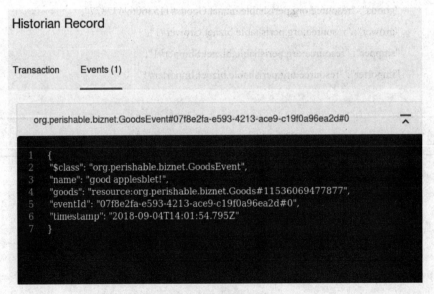

图 6-6　货物腐烂事件

(4) 货物到达。执行货物到达交易，请求数据如下：

```
1    {
2        "$class": "org.perishable.biznet.GoodsArrived",
3        "contract": "resource:org.perishable.biznet.Contract#11536069477877111"
4    }
```

由于货物腐烂，属于运输者违约，因此种植者和进口商都将获得赔偿。种植者金钱增加 20，结果数据如下：

```
1    // Grower Xiao Ming
2    {
3         "name": "Xiao Ming",
4         "money": 120
5    }
```

运输者金钱减少 50，结果数据如下：

```
1    // Shipper Xiao Li
2    {
3         "name": "Xiao Li",
4         "money": 70
5    }
```

网络的基本功能测试完成，接下来可以为之增加新的模型和功能，丰富网络的业务。

6.1.4　网络扩展

开发完基本的业务网络后，通常需要对网络进行扩展。可从合理性、安全性、模型扩展、功能扩展四方面扩展网络。

1. 合理性扩展

细心的读者会发现，前述章节在业务逻辑代码中添加了一些校验。如只有当种植者金钱足够时才能种植，否则将抛出异常。这就是合理性的体现。

编写好基础的逻辑代码后，在进行网络扩展时，首先应考虑合理性扩展。有时，一个不合理的交易就会导致整个账本数据合理性的雪崩！

在考虑合理性时，要综合考虑多种情况，尤其是并发时的合理性。如要防止一箱易腐货物同时被多个进口商购买。

在易腐货物网络中，可进行如下合理性扩展：

(1) 签订合同时判断进口商是否有足够的金钱进货，同时判断运输者是否有空余的运力。

(2) 货物送达时，再次判断进口商是否有足够的金钱购买货物，因为运送期间其资金状况有可能改变。

(3) 一批货物只能对应一个合同。

2. 安全性扩展

安全性扩展通常是指访问控制。虽然易腐货物网络中暂未添加禁止访问策略，但在实际应用场景中，访问控制不可或缺。

在易腐货物网络中，可进行如下安全性扩展：

将三方合同分为两两之间的合同，只有合同的签订者可以查看该合同。

3. 模型扩展

模型扩展是指为业务网络添加更多的资源，可以是资产、参与者、事件等类型，也可以为已有资源添加属性和依赖，从而为功能扩展打下基础。

通常模型扩展要做到 OOP(Object Oriented Programming，面向对象编程)的"开闭原则"，即对扩展开放，对修改关闭。同时应尽量使模型的扩展不影响到已有代码，尤其是在区块链环境中，这种修改可能对账本来说是破坏性的。因此对于模型最初的设计和每一步的扩展都要谨慎考虑。

在易腐货物网络中，可进行如下模型扩展：

- 添加资产——船，来表示运输者的运力。
- 添加参与者——公证人，来证明合同的有效性。
- 添加事件——货物送达。

4. 功能扩展

功能扩展通常依赖于模型扩展。每当新增模型时，通常都要为该模型添加一定功能。此处的功能即定义新的交易或扩展现有交易逻辑。

注意：不要让单个 js 文件太过庞大。当交易类型很多时，可对交易进行垂直业务划分，仅将同类的交易函数写入同一 js 文件中，以此来提高代码的可读性和可维护性。

当单一业务逻辑函数很复杂、行数很多时，可以采用"微服务"的思想，将其中的部分逻辑单独封装成一个通用函数，供其他交易函数调用，这大大提高了代码的可复用性和可维护性。

在易腐货物网络中，可进行如下功能扩展：

- 周期性地记录易腐货物的温度，动态判断货物是否腐烂。
- 公证人证明合同生效。
- 合同违约。

6.2　共享单车网络案例分析

在现实中，使用共享单车需要缴纳租金。该过程就是一次交易，因此适合使用区块链技术作为底层存储。

在共享单车租用的业务网络中，单车生产商会消耗一定费用来生产共享单车，用户通过向生产商支付费用来使用共享单车，并在使用结束后将其归还。

共享单车有三种状态：可用、正在被使用和修理中。只有"可用"状态的单车能被使用。

下面根据需求背景，对该网络建模。

6.2.1　网络建模

该业务网络涉及共享单车，单车生产者、用户，生产单车，租用单车，归还单车。真实的场景十分复杂。此处的业务网络用作入门，将真实场景简化，仅涉及最核心的交易部分。

1. 资产

在共享单车网络中，资产为共享单车。

2. 参与者

加入业务网络的成员叫做参与者。在共享单车网络中，将模拟一辆共享单车从被生产到被租用再到被归还的过程，因此需要如下参与者：

生产共享单车的生产商；

租用共享单车的用户。

3. 访问控制

在共享单车网络中，暂时不需要进行访问控制，使用默认开放规则即可。

4. 交易

共享单车网络将会产生如下交易：

生产商生产一辆单车；

用户租用一辆单车；

用户归还单车。

5. 事件

共享单车网络会触发如下事件：

单车被租用时进行通知；

单车被归还时进行通知。

确定网络模型后，开始编写代码。

6.2.2　代码实现

代码编写包括 CTO 建模、业务逻辑、访问控制列表三个部分。首先，使用 Yeoman 生成工程目录结构，并新建 lib 文件夹和 logic.js，如图 6-7 所示。

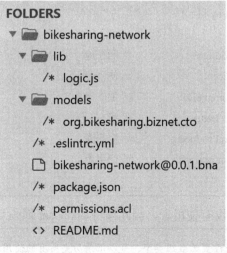

图 6-7　工程目录结构

1. CTO 建模

模板自动在 cto 文件开头生成了命名空间代码：

```
1    namespace org.bikesharing.biznet
```

1) 枚举

共享单车状态枚举代码如下：

```
1    enum BikeStatus {
2        o AVAILABLE           // 可用
3        o IN_USE              // 使用中
4        o IN_REPAIR           // 维修中
5    }
```

2) 概念

因为用户、生产商和单车都需要有地址属性，所以将其定义为概念(concept)，即一组多资源通用的属性组合。概念具有与资产、参与者、交易相似的类结构，但它们的存在更为"抽象"，通常被作为一个属性包含于资产、参与者或交易类中。

地址定义代码如下：

```
1    concept Address {
2        o String country     // 国家
3        o String city        // 城市
4    }
```

3) 资产

共享单车定义代码如下：

```
1    asset Bike identified by id    {
2        o    String id
3        o    Address address       // 所在地
4        o    Double price          // 使用费
5        o    DateTime createDate    // 生产日期
6        o    BikeStatus status     // 状态
7    -->BikeProducer bikeProducer   // 生产商
8    -->BikeUser bikeUser optional  // 使用者
9    }
```

由于单车刚生产时还没有使用者，因此须将 bikeUser 属性设置为可选的。

 推荐将 bikeUser 设置为数组类型，可以记录历史所有的使用者。

4) 参与者

抽象参与者定义代码如下：

```
1    abstract participant Person identified by id {
2        o    String id
3        o    String name              // 姓名
4        o    Address address          // 地址
5        o    Double money             // 金钱
6    }
```

抽象类的好处在此不再赘述。通常业务网络中的参与者都会有金钱属性，因此可将该属性直接归于抽象类中。

用户定义代码如下：

```
1    participant BikeUser extends Person {
2    }
```

生产商定义代码如下(通过定义一个引用数组表示生产商的产品——单车):

```
1    participant BikeProducer extends Person {
2        --> Bike[] bikes             // 生产的单车
3    }
```

5) 交易

在此交易中，生产共享单车，会创建一辆单车，因此须定义一些单车的属性。

生产单车交易定义代码如下：

```
1    transaction ProduceBikeTransaction {
2        --> BikeProducer bikeProducer    // 生产商
3        o    Address address             // 地址
4        o    Double price                // 使用费
5    }
```

使用单车交易定义代码如下：

```
1    transaction UseBikeTransaction {
2        --> BikeUser bikeUser            // 使用者
3        --> Bike bike                    // 单车
4    }
```

归还共享单车交易定义代码如下：

```
1    transaction ReturnBikeTransaction {
2        --> Bike bike            // 单车
3    }
```

6) 事件

用户租用单车事件(使用 name 属性来传递其中一些事件内容)代码如下:

```
1    event BikeBeUsedEvent {
2        o String name          // 名称
3        --> Bike bike          // 单车
4    }
```

单车被归还事件代码如下:

```
1    event BikeBeReturnedEvent {
2        o String name          // 名称
3        --> Bike bike          // 单车
4    }
```

2. 业务逻辑

该步骤的任务是编写交易函数到 lib 目录下的 logic.js 文件中。

1) 常量定义

有关常量定义的作用在 5.4.4 中已作解释,代码如下:

```
1    const factory = getFactory();
2    const NS = 'org.bikesharing.biznet';
3
4    /**
5     * 单车状态
6     */
7    const bikeStatus = {
8        AVAILABLE: "AVAILABLE",
9        IN_USE: "IN_USE",
10       IN_REPAIR: "IN_REPAIR"
11   }
```

2) 生产共享单车

生产共享单车交易的代码如下:

```
1    /**
2     *   生产单车
3     *   @param {org.bikesharing.biznet.ProduceBikeTransaction} tx
4     *   @transaction
5     */
6    async function produceBike(tx) {
7        // 取参数对象
8        var bikeProducer = tx.bikeProducer;
9        // 是否有足够金钱生产
10       if (bikeProducer.money >= 10) {
11           // 生产花费
12           bikeProducer.money -= 10;
13           // 生成唯一单车 Id
14           var bikeId = bikeProducer.id + new Date().getTime();
15           // 生成新的 bike 实例
16           var bike = factory.newResource(NS, 'Bike', bikeId);
17           // 赋值
18           bike.address = tx.address;
19           bike.price = tx.price;
20           bike.createDate = new Date();
21           // 初始状态为"可用"
22           bike.status = bikeStatus.AVAILABLE;
23           bike.bikeProducer = bikeProducer;
24           // 添加至已生产数组
25           bikeProducer.bikes.push(bike);
26           // 取注册器
27           var bikeRegistry = await getAssetRegistry(NS + '.Bike');
28           var producerRegistry = await getParticipantRegistry(NS + '.BikeProducer');
29           // 添加单车
30           await bikeRegistry.add(bike);
31           // 更新生产者
32           await producerRegistry.update(bikeProducer);
33       } else {
34           throw new Error('money not enough to produce a bike');
35       }
36   }
```

第 25 行使用了 js 内置的向数组添加元素的函数 push。上述代码对应的业务逻辑可被概括为：获取相关单车生产商的参与者信息→检查余额是否充足并扣除指定数目的余额→创建新的单车实例并赋值→与注册器交互，更新相关资源的状态。

3) 使用共享单车

使用共享单车函数触发了一个事件，该事件订阅者将在用户使用单车时收到消息。该交易的完整代码如下：

```
1    /**
2     * 使用单车
3     * @param {org.bikesharing.biznet.UseBikeTransaction} tx
4     * @transaction
5     */
5    async function useBike(tx) {
7        // 取参数对象
8        var bikeUser = tx.bikeUser;
9        var bike = tx.bike;
10       var bikeProducer = bike.bikeProducer;
11       // 判断单车是否可用
12       if (bike.status != bikeStatus.AVAILABLE) {
13           throw new Error('bike cannot be use now');
14       }
15       // 是否有足够金钱使用单车
16       if (bikeUser.money < bike.price) {
17           throw new Error('money not enough to use a bike');
18       }
19       // 使用者扣除使用费
20       bikeUser.money -= bike.price;
21       // 生产商获得使用费
22       bikeProducer.money += bike.price;
23       // 修改单车状态为"使用中"
24       bike.status = bikeStatus.IN_USE;
25       // 修改单车的使用者
26       bike.bikeUser = bikeUser;
27       // 取注册器
28       var bikeRegistry = await getAssetRegistry(NS + '.Bike');
29       var producerRegistry = await getParticipantRegistry(NS + '.BikeProducer');
30       var userRegistry = await getParticipantRegistry(NS + '.BikeUser');
31       // 更新单车、生产商和使用者
32       await bikeRegistry.update(bike);
33       await producerRegistry.update(bikeProducer);
34       await userRegistry.update(bikeUser);
35       // 定义事件
```

```
36        var event = factory.newEvent(NS, 'BikeBeUsedEvent');
37        // 传递内容
38        event.name = bikeUser.name + ' use bike ' + bike.id;
39        event.bike = bike;
40        // 触发事件
41        emit(event);
42    }
```

上述代码对应的业务逻辑可被概括为：获取交易双方的参与者信息→检查单车状态是否为"可用"→检查消费者余额是否充足并扣除指定数目的余额转至单车供应商的账户→修改单车的使用状态与当前使用者→与注册器交互，更新相关资源的状态→发布"租用单车"事件。

4) 归还共享单车

归还共享单车函数触发了一个事件，该事件订阅者将在用户使用单车时收到消息。该交易的完整代码如下：

```
1     /**
2      *   归还单车
3      *   @param {org.bikesharing.biznet.ReturnBikeTransaction} tx
4      *   @transaction
5      */
6     async function returnBike(tx) {
7         // 取参数对象
8         var bike = tx.bike;
9         // 单车状态设置为"可用"
10        bike.status = bikeStatus.AVAILABLE;
11        // 取注册器
12        var bikeRegistry = await getAssetRegistry(NS + '.Bike');
13        // 更新单车
14        await bikeRegistry.update(bike);
15        // 定义事件
16        var event = factory.newEvent(NS, 'BikeBeReturnedEvent');
17        // 传递内容
18        event.name = bike.bikeUser.name + ' return bike ' + bike.id;
19        event.bike = bike;
20        // 触发事件
21        emit(event);
22    }
```

上述代码对应的业务逻辑可被概括为：获取交易对应的单车状态信息→更新单车状态→与注册器交互，更新相关资源的状态→发布"归还单车"事件。

3. 测试

代码编写完成，接下来将其打包并部署到 Composer Playground 上进行测试。

(1) 打包命令如下：

```
1    composer archive create -t dir -n .
```

(2) 启动 Composer Playground 命令如下：

```
1    composer-playground
```

(3) 以 web 方式部署 bna 网络包即可完成测试。

6.2.3 情景测试

接下来通过情景模拟来测试网络。情景模拟分为两种，一种是使用共享单车并归还，另一种是无法使用共享单车。下面具体加以讲述。

1. 使用共享单车并归还

该情景模拟为：某生产商生产了一辆共享单车，将其投放到居民区；用户使用了这辆单车并按时归还。

1) 创建生产商

输入数据如下：

```
1    // BikeProducer ofo
2    {
3        "$class": "org.bikesharing.biznet.BikeProducer",
4        "bikes": [],
5        "id": "1",
6        "name": "ofo",
7        "address": {
8            "$class": "org.bikesharing.biznet.Address",
9            "country": "China",
10           "city": "Shanghai"
11       },
12       "money": 100
13   }
```

2) 创建用户

输入数据如下：

```
1    // BikeUser Xiao Li
2    {
3        "$class": "org.bikesharing.biznet.BikeUser",
4        "id": "1",
5        "name": "Xiao Li",
6        "address": {
7            "$class": "org.bikesharing.biznet.Address",
8            "country": "China",
9            "city": "Shanghai"
10       },
11       "money": 100
12   }
```

3) 生产商生产单车

生产一辆单车，请求数据如下：

```
1    // ProduceBikeTransaction post data
2    {
3        "$class": "org.bikesharing.biznet.ProduceBikeTransaction",
4        "bikeProducer": "resource:org.bikesharing.biznet.BikeProducer#1",
5        "address": {
6        "$class": "org.bikesharing.biznet.Address",
7        "country": "China",
8        "city": "Shanghai"
9        },
10       "price": 20
11   }
```

新生产了一辆单车，结果数据如下：

```
1    // new Bike
2    {
3        "$class": "org.bikesharing.biznet.Bike",
4        "id": "11536109093165",
5        "address": {
6            "$class": "org.bikesharing.biznet.Address",
7            "country": "China",
8            "city": "Shanghai"
9        },
10       "price": 20,
11       "createDate": "2018-09-05T00:58:13.166Z",
```

```
12          "status": "AVAILABLE",
13          "bikeProducer": "resource:org.bikesharing.biznet.BikeProducer#1"
14      }
```

生产商花费 10 金钱生产单车，并将新生产的单车加入至已生产数组。结果数据如下：

```
1   // BikeProducer ofo
2   {
3       "$class": "org.bikesharing.biznet.BikeProducer",
4       "bikes": [
5           "resource:org.bikesharing.biznet.Bike#11536109093165"
6       ],
7       "id": "1",
8       "name": "ofo",
9       "money": 90
10  }
```

4) 用户使用单车

用户发起一个使用单车交易，请求数据如下：

```
1   {
2       "$class": "org.bikesharing.biznet.UseBikeTransaction",
3       "bikeUser": "resource:org.bikesharing.biznet.BikeUser#1",
4       "bike": "resource:org.bikesharing.biznet.Bike#11536109093165"
5   }
```

单车状态更改为"使用中"，且绑定了使用者，结果数据如下：

```
1   // Bike
2   {
3       "$class": "org.bikesharing.biznet.Bike",
4       "id": "11536109093165",
5       "status": "IN_USE",
6       "bikeProducer": "resource:org.bikesharing.biznet.BikeProducer#1",
7       "bikeUser": "resource:org.bikesharing.biznet.BikeUser#1"
8   }
```

使用者扣除 20 金钱的使用费，结果数据如下：

```
1   // BikeUser Xiao Li
2   {
3       "$class": "org.bikesharing.biznet.BikeUser",
```

```
4        "id": "1",
5        "name": "Xiao Li",
6        "money": 80
7    }
```

该交易函数触发了事件，可在 Playground 左侧的历史记录中查看，如图 6-8 所示。

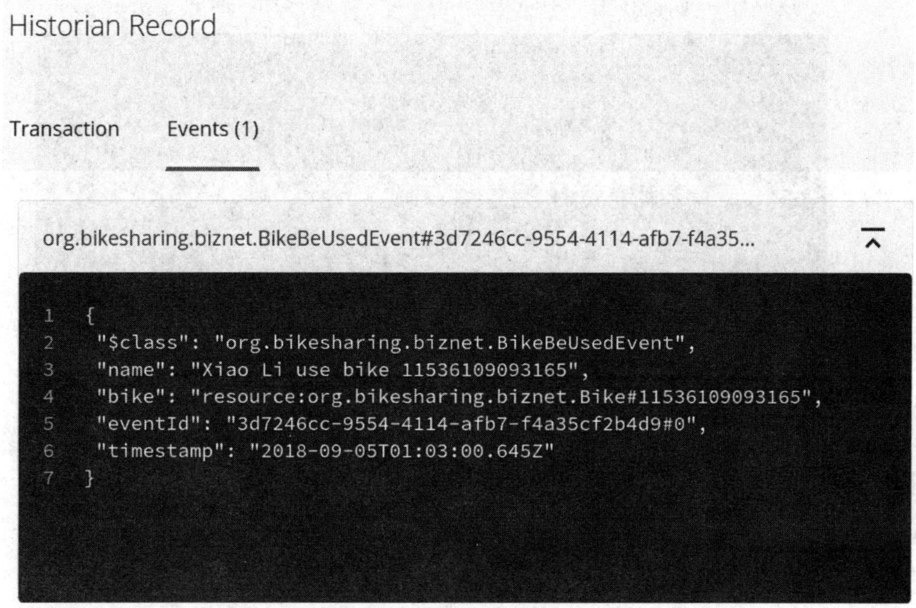

Historian Record

Transaction   Events (1)

org.bikesharing.biznet.BikeBeUsedEvent#3d7246cc-9554-4114-afb7-f4a35...

```
1  {
2    "$class": "org.bikesharing.biznet.BikeBeUsedEvent",
3    "name": "Xiao Li use bike 11536109093165",
4    "bike": "resource:org.bikesharing.biznet.Bike#11536109093165",
5    "eventId": "3d7246cc-9554-4114-afb7-f4a35cf2b4d9#0",
6    "timestamp": "2018-09-05T01:03:00.645Z"
7  }
```

图 6-8　单车租用事件

5）用户归还单车

执行用户归还单车交易数据如下：

```
1    // ReturnBikeTransaction post data
2    {
3        "$class": "org.bikesharing.biznet.ReturnBikeTransaction",
4        "bike": "resource:org.bikesharing.biznet.Bike#11536109093165"
5    }
```

单车状态重置为"可用"，数据如下：

```
1    // Bike
2    {
3        "$class": "org.bikesharing.biznet.Bike",
4        "id": "11536109093165",
5        "status": "AVAILABLE"
6    }
```

该交易触发了一个"单车归还"事件(Bike Be Returned Event)，如图 6-9 所示。

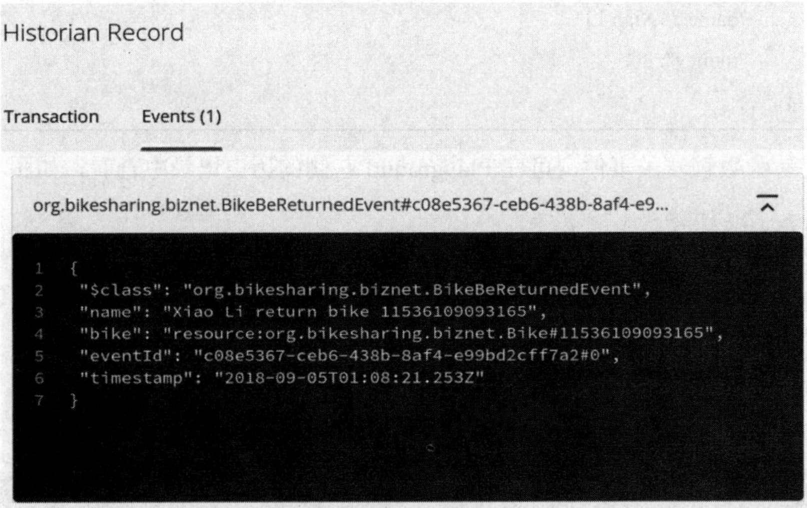

Historian Record

Transaction   Events (1)

org.bikesharing.biznet.BikeBeReturnedEvent#c08e5367-ceb6-438b-8af4-e9...

```
1  {
2    "$class": "org.bikesharing.biznet.BikeBeReturnedEvent",
3    "name": "Xiao Li return bike 11536109093165",
4    "bike": "resource:org.bikesharing.biznet.Bike#11536109093165",
5    "eventId": "c08e5367-ceb6-438b-8af4-e99bd2cff7a2#0",
6    "timestamp": "2018-09-05T01:08:21.253Z"
7  }
```

图 6-9　单车归还事件

2. 无法使用单车

该情景模拟为：用户使用完单车后，生产商将该单车拿去维修，因此该单车无法再次被使用。

1) 修改单车状态

使用 Playground 手动更新单车状态为"修理中"，数据如下：

```
1  // Bike
2  {
3      "$class": "org.bikesharing.biznet.Bike",
4      "status": "IN_REPAIR",
5  }
```

2) 用户使用单车

用户执行使用单车交易，请求数据如下：

```
1  {
2      "$class": "org.bikesharing.biznet.UseBikeTransaction",
3      "bikeUser": "resource:org.bikesharing.biznet.BikeUser#1",
       "bike": "resource:org.bikesharing.biznet.Bike#11536109093165"
5  }
```

用户看到错误提示，交易执行失败，账本状态将不会发生任何改变，如图 6-10 所示。

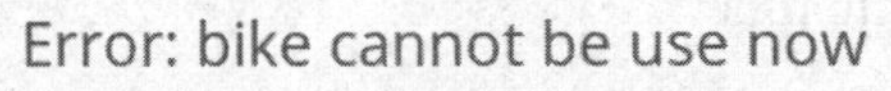

Error: bike cannot be use now

图 6-10　交易错误提示

历史记录中不会显示失败的交易信息，如图 6-11 所示。

Date, Time	Entry Type	Participant
2018-09-05, 09:17:38	UpdateAsset	admin (NetworkAdmin)
2018-09-05, 09:08:21	ReturnBikeTransaction	admin (NetworkAdmin)
2018-09-05, 09:03:00	UseBikeTransaction	admin (NetworkAdmin)

图 6-11 历史记录

基本功能测试完毕，下面对网络进行扩展。

6.2.4 共享单车网络扩展

共享单车网络可从以下四个方面进行扩展：

1. 合理性扩展

可在业务逻辑代码中添加一些校验，如只有当单车处于"可用"状态时，用户才可以使用它，否则将抛出异常；又如只有当生产商有足够的金钱时才能生产单车，用户有足够的金钱时才能使用单车。

在编写好基础的逻辑代码，进行网络扩展时，首先应该考虑的是合理性扩展。

在共享单车网络中，可进行如下合理性扩展：用户只能使用其所在地点(Address)的单车。

2. 安全性扩展

安全性扩展通常是指访问控制。虽然在共享单车网络中未添加禁止访问策略，但在实际应用场景中，访问控制不可或缺。

在共享单车网络中，可进行如下安全性扩展：

- 只有生产商能维修自行车；
- 用户不能使用及归还他人的自行车。

3. 模型扩展

模型扩展是指为业务网络添加更多的资源，可以是资产、参与者、事件等类型，也可以为已有资源添加属性和依赖，从而为功能扩展打下基础。

在共享单车网络中，可以进行如下模型扩展：

- 添加资产——会员卡，持有者用车可以享受优惠；
- 添加参与者——警察，禁止单车的随意停放；
- 添加事件——使用费的扣除和到账。

4. 功能扩展

在共享单车网络中，可进行如下功能扩展：

- 根据时间计费；

- 禁止用户还车时随意停放；
- 持有会员卡的用户使用单车时享受优惠。

 不妨尝试去实现一个扩展的功能。再复杂的网络都是由原型不断扩展而成的。

本 章 小 结

　　本章带领读者使用 Hyperledger Composer 开发了两个简单的区块链业务网络，学习了 Hyperledger Composer 的可选属性、概念、事件等用法，并在编码后进行了情景测试，为读者提供了扩展网络的思路。

　　因为业务逻辑代码使用 Javascript 脚本语言编写，所以可直接使用 Js 的原生 api，比如共享单车网络中的数组操作。

　　由于业务网络打包依赖于 npm，这表示业务逻辑代码支持模块化，因此甚至可以使用网络上的 npm 包和 Js 组件库，以减少重复的代码。

　　读者此时已经具有了独立开发一个简单业务网络的能力，但是 Hyperledger Composer 还有更强大的功能。休息一下，进入下一章的学习，继续在区块链的开发之路上探索吧！

第 7 章　Hyperledger Composer 业务网络实战——提高篇

在第 6 章，通过开发两个简单的业务网络，带领读者熟悉了使用 Hyperledger Composer 进行开发、测试业务网络的方法，并提供了扩展网络的相关思路。

本章将要实战开发更多业务网络，探索 Composer 框架的更多功能，在提高读者开发能力的同时帮助读者扩展思路。

【学习目标】

➢ 熟悉自定义查询；
➢ 掌握更复杂的网络模型；
➢ 了解其他业务场景。

7.1　货币贸易网络案例分析

区块链最初的上层产物即虚拟货币，货币的交易是区块链的主流应用场景。

在货币贸易业务网络中，所有的交易者都可以制造货币，且交易者之间可以交易货币。但由于有些交易者为牟取暴利制造假币，因此必须有警察的介入。警察将会对货币进行检查，一旦发现假币，立即将其销毁并禁止制造者继续制造货币。当然，警察们也会记录自己总共销毁了多少假币。

在该网络中，可使用 Hyperledger Composer 的自定义查询功能。

> ┌──┐
> │ 自定义查询是 Hyperledger Composer 最强大的功能之一，让开发者能通过类 SQL 语句来 │
> │ 实现复杂的查询，满足各种业务需求。 │
> └──┘

完成需求分析后，即可对网络进行建模。

7.1.1　网络建模

该业务网络涉及以下几个方面的内容：货币，交易者、警察，制造货币，交易货币，销毁假币。

资产包含货币。

在货币贸易网络中，将模拟货币生产、交易以及假币销毁的过程，因此需要如下参与者：交易者，警察。

交易包含业务如下：

- 交易者制造货币；
- 交易者之间交易货币；
- 警察销毁假币；
- 批量销毁货币。

确认模型后，开始编写代码实现模型。

7.1.2　代码实现

首先用 Yeoman 生成工程目录结构，并新建 lib 文件夹和 logic.js，如图 7-1 所示。

图 7-1　工程目录结构

1. CTO 建模

1) 利用枚举设置状态

使用货币状态来标识货币的真伪，用交易者状态标识其是否合法。

货币状态如下：

```
1    enum CoinStatus {
2        o  LEGAL           // 合法
3        o  ILLEGAL         // 非法
4    }
```

交易者状态如下：

```
1    enum TraderStatus {
2        o LEGAL            // 合法
3        o ILLEGAL          // 非法
4    }
```

非法的交易者将不能再生产货币。

2) 设置相关资产

货币结构如下(通过引用类型指向该货币目前的拥有者与货币制造者)：

```
1    asset Coin identified by id {
2        o String id
3        o Double price                  // 价值
4        o CoinStatus status            // 状态
5        o DateTime createDate          // 制造日期
6        --> CoinTrader maker           // 制造者
7        --> CoinTrader owner           // 主人
8    }
```

3) 设置参与者

设置参与者的抽象类，结构如下：

```
1    abstract participant Person identified by id {
2        o String id
3        o Double money   // 金钱
4    }
```

-💡-通常业务网络中的参与者都会有一个 Double 类型的属性记录金钱或积分。

货币交易者结构如下(通过引用类型数组指向该交易者现持有的货币)：

```
1    participant CoinTrader extends Person {
2        --> Coin[] coins      // 拥有的货币
3        o TraderStatus status     // 状态
4    }
```

这里的 Coin 数组就像钱包，存放交易者拥有的货币。

警察的结构如下：

```
1    participant Policeman extends Person {
2        o Integer destroyNum default = 0      // 已销毁假币数
3    }
```

4) 编写交易代码

制造货币交易代码如下：

```
1    transaction MakeCoinTransaction {
2        o Double price   // 货币价格
3        o CoinStatus status      // 状态
4        --> CoinTrader coinMaker     // 制造者
5    }
```

此交易会创建一个货币，因此须定义一些货币的属性。

交易货币交易代码如下：

```
1    transaction TradeCoinTransaction {
2        --> Coin coin        // 货币
3        --> CoinTrader buyer      // 购买者
4    }
```

交易必须有买家和卖家。此处的卖家即货币的拥有者，因此可直接从 coin 对象获取，也可显式定义。

销毁假币交易代码如下：

```
1    transaction DestoryIllegalCoinTransaction {
2        --> Coin coin      // 要销毁的假币
3        --> Policeman policeman        // 警察
4    }
```

销毁假币后，还要将其制造者标为"非法"。制造者可直接从 coin 对象的 owner 属性获取。

批量销毁货币交易代码如下：

```
1    transaction BatchDestoryCoinsTransaction {
2        o CoinStatus status
3    }
```

这个交易能够销毁指定状态的货币。

> 💡　定义资源时，尽量保证属性的全面，方便定义交易时的传参及对象属性的获取。但不要定义无用或少用的属性，以免资源代码变得臃肿不堪。

2. 业务逻辑

货币贸易网络的业务逻辑代码写在 lib 目录下的 logic.js 文件中。

(1) 常量定义，代码如下：

```
1    const factory = getFactory();
2    const NS = 'org.trade.biznet';
3
4    /**
5     *   货币状态
6     */
7    const coinStatus = {
8        LEGAL: "LEGAL",
```

```
9        ILLEGAL: "ILLEGAL"
10   }
11
12   /**
13   *   制币人是否合法
14   */
15   const traderStatus = {
16        LEGAL: "LEGAL",
17        ILLEGAL: "ILLEGAL"
18   }
```

(2) 制造货币，代码如下：

```
1    /**
2    * 制作货币
3    * @param {org.trade.biznet.MakeCoinTransaction} tx
4    * @transaction
5    */
6    async function makeCoin(tx) {
7         // 取对象参数
8         var coinMaker = tx.coinMaker;
9         // 如果货币制造者非法
10        if (coinMaker.status == traderStatus.ILLEGAL) {
11             throw new Error('illegal coin-maker cannot make a coin');
12        }
13        // 生成唯一货币 id
14        var coinId = coinMaker.id + new Date().getTime();
15        // 使用工厂创建新的货币实例
16        var coin = factory.newResource(NS, 'Coin', coinId);
17        // 赋值
18        coin.price = tx.price;
19        coin.status = tx.status;
20        coin.createDate = new Date();
21        coin.maker = coinMaker;
22        coin.owner = coinMaker;
23        // 将货币存入制造者拥有的货币数组
24        coinMaker.coins.push(coin);
25        // 取注册器
26        var coinRegistry = await getAssetRegistry(NS + '.Coin');
```

```
27      var coinMakerRegistry = await getParticipantRegistry(NS + '.CoinTrader');
28      // 添加货币
29      await coinRegistry.add(coin);
30      // 更新货币制造者
31      await coinMakerRegistry.update(coinMaker);
32  }
```

上述代码对应的业务逻辑可被简述为：获取货币制造者的参与者信息并判断操作是否合法→创建新的货币实例并赋值→将新的货币实例加入制造者的"现持有货币"数组→与注册器交互更新相应资源的状态。

(3) 交易货币，代码如下：

```
1   /**
2    * 交易货币
3    * @param {org.trade.biznet.TradeCoinTransaction} tx
4    * @transaction
5    */
6   async function tradeCoin(tx) {
7       // 取参数对象
8       var coin = tx.coin;
9       var buyer = tx.buyer;
10      var seller = coin.owner;
11      // 如果金钱不足
12      if (buyer.money < coin.price) {
13          throw new Error('money not enough to buy this coin');
14      }
15      // 交易逻辑
16      buyer.money -= coin.price;
17      seller.money += coin.price;
18      // 出售者移除要出售的货币
19      removeCoin(seller.coins, coin);
20      // 购买者获得该货币
21      buyer.coins.push(coin);
22      // 改变货币主人
23      coin.owner = buyer;
24      // 取注册器
25      var coinRegistry = await getAssetRegistry(NS + '.Coin');
26      var coinTraderRegistry = await getParticipantRegistry(NS + '.CoinTrader');
27      // 更新资源
28      await coinRegistry.update(coin);
```

```
29        await coinTraderRegistry.update(seller);
30        await coinTraderRegistry.update(buyer);
31    }
```

💡 交易函数通常需要添加参数校验，比如买家是否有足够金钱、卖家是否有足够货物。区块链项目的开发务必精准，测试通过后才能部署上线。

上述代码对应的业务逻辑可被简述为：获取交易双方的参与者信息并判断购买者余额是否足够→改变交易双方的剩余额度→将交易中的货币实例加入买方的"现持有货币"数组，并从卖方的对应数组中移除该货币→与注册器交互更新相应资源的状态。

(4) 销毁货币，代码如下：

```
1     /**
2      *  销毁货币
3      *  @param {org.trade.biznet.DestoryIllegalCoinTransaction} tx
4      *  @transaction
5      */
6     async function destoryCoin(tx) {
7         // 取参数对象
8         var coin = tx.coin;
9         var policeman = tx.policeman;
10        var maker = coin.maker;
11        var owner = coin.owner;
12        // 如果是假币
13        if (coin.status == traderStatus.ILLEGAL) {
14            // 制造者被标记为"非法的"
15            maker.status = traderStatus.ILLEGAL;
16            // 销毁假币
17            removeCoin(owner.coins, coin);
18            // 增加该警察销毁假币数
19            policeman.destroyNum++;
20            // 取注册器
21            var coinRegistry = await getAssetRegistry(NS + '.Coin');
22            var coinTraderRegistry = await getParticipantRegistry(NS + '.CoinTrader');
23            var policemanRegistry = await getParticipantRegistry(NS + '.Policeman');
24            // 删除假币
25        await coinRegistry.remove(coin);
26            // 更新资源
27        await coinTraderRegistry.update(maker);
```

```
28              await coinTraderRegistry.update(owner);
29              await policemanRegistry.update(policeman);
30          }
31      }
```

该函数中，使用注册器的 remove 方法对假币进行销毁。

上述代码对应的业务逻辑可被简述为：检查被操作货币的属性→若满足条件，则从"持有货币"数组中移除该货币实例并标记货币制造者为'非法'用户→与注册器交互，对货币实例进行销毁操作→与注册器交互更新相应资源的状态。

(5) 批量销毁货币，代码如下：

```
1   /**
2    *   批量销毁货币
3    *   @param {org.trade.biznet.BatchDestoryCoinsTransaction} tx
4    *   @transaction
5    */
6   async function batchDestoryCoins(tx) {
7       // 查询指定状态的所有货币
8       const coins = await query('selectCoinsByStatus', { status: tx.status });
9       console.log(coins);
10      // 获取货币注册器
11      var coinRegistry = await getAssetRegistry(NS + '.Coin');
12      for (let i = 0; i < coins.length; i++) {
13          console.log(coins[i].id);
14          // 删除假币
15          await coinRegistry.remove(coins[i]);
16      }
17  }
```

和销毁(删除)某一货币不同，如果销毁所有非法或合法的货币，首先要得到这些货币，因此可使用自定义查询来实现根据状态获取货币的功能。

上述代码对应的业务逻辑可被简述为：查询并获取所有指定状态的货币→与注册器交互，依次销毁指定状态的货币并更新相应资源的状态。

> -💡-在 logic.js 中可以使用 console.log()函数打印数据，并在浏览器控制台中查看以进行调试。

业务逻辑所用到的辅助函数 selectCoinsByStatus 可用如下方式进行配置：

① 在项目根目录(trade-network)下新建 queries.qry 文件，所有的自定义查询都编写在该文件中。

② 定义一个查询。Hyperledger 天生支持 LevelDB 和 CouchDB 两种数据库，因此可

以使用类 sql 语句从数据库中查询数据。

批量销毁货币交易时，需接收一个货币状态参数，因此要使用条件查询(where)。查询 status 等于传入货币状态的所有货币，代码如下：

```
1    /**
2    * 根据货币状态查询货币
3    */
4    query selectCoinsByStatus {
5        description: "select coins by status like legal and illegal"
6        statement:
7            SELECT org.trade.biznet.Coin
8                WHERE (status == _$status)
9    }
```

💡 如果对于 sql 语言不了解，可以查阅官方文档，以获取更多自定义查询语法。

(6) 编写辅助函数。从货币数组中移除指定货币，可通过遍历"货币持有"数组中的货币实例，根据货币 ID 判断其是否为需要移除的对象。代码如下：

```
1    /**
2    * 从数组中移除 id 等于目标 id 的元素
3    */
4    function removeCoin(coinArray, coin) {
5        // 数组不存在
6        if (!coinArray) {
7            return;
8        }
9        for (var i = 0; i < coinArray.length; i++) {
10           if (coinArray[i].id == coin.id) {
11               coinArray.splice(i, 1); //删除下标为 i 的元素
12               return;
13           }
14       }
15   }
```

代码编写完成，接下来将其打包并部署到 Composer Playground 上进行测试。

7.1.3　情景模拟

1. 货币交易

小王和小明是两位交易者。小王制作了一枚货币，小明想用金钱将其买下来。

(1) 创建交易者小王和小明，代码如下：

```
1   // CoinTrader Xiao Wang
2   {
3       "$class": "org.trade.biznet.CoinTrader",
4       "coins": [],
5       "status": "LEGAL",
6       "id": "1",
7       "money": 100
8   }
9   // CoinTrader Xiao Ming
10  {
11      "$class": "org.trade.biznet.CoinTrader",
12      "coins": [],
13      "status": "LEGAL",
14      "id": "2",
15      "money": 100
16  }
```

(2) 执行制造货币交易(MakeCoinTransaction)，制造一枚货币，代码如下：

```
1   // MakeCoinTransaction post data
2   {
3       "$class": "org.trade.biznet.MakeCoinTransaction",
4       "price": 20,
5       "status": "ILLEGAL",
6       "coinMaker": "resource:org.trade.biznet.CoinTrader#1"
7   }
```

新创建的货币信息如下所示(刚生产的货币的 owner 和 maker 相同)：

```
1   // Coin made by Xiao Wang
2   {
3       "$class": "org.trade.biznet.Coin",
4       "id": "11536113730071",
5       "price": 20,
6       "status": "ILLEGAL",
7       "createDate": "2018-09-05T02:15:30.072Z",
8       "maker": "resource:org.trade.biznet.CoinTrader#1",
9       "owner": "resource:org.trade.biznet.CoinTrader#1"
10  }
```

根据业务逻辑，该货币将被自动放入制作者的钱包，代码如下：

```
1    // CoinTrader Xiao Wang
2    {
3        "$class": "org.trade.biznet.CoinTrader",
4        "coins": [
5            "resource:org.trade.biznet.Coin#11536113730071"
6        ],
7        "status": "LEGAL",
8        "id": "1",
9        "money": 100
10   }
```

(3) 购买货币，执行货币交易(TradeCoinTransaction)，代码如下：

```
1    // TradeCoinTransaction post data
2    {
3        "$class": "org.trade.biznet.TradeCoinTransaction",
4        "coin": "resource:org.trade.biznet.Coin#11536113730071",
5        "buyer": "resource:org.trade.biznet.CoinTrader#2"
6    }
```

交易成功，该货币更换了主人，代码如下：

```
1    // Coin made by Xiao Wang
2    {
3        "$class": "org.trade.biznet.Coin",
4        "id": "11536113730071",
5        "price": 20,
6        ...
7        "maker": "resource:org.trade.biznet.CoinTrader#1",
8        "owner": "resource:org.trade.biznet.CoinTrader#2"
9    }
```

卖方(货币制造者)金钱增加 20，数据如下：

```
1    // Xiao Wang
2    {
3        "$class": "org.trade.biznet.CoinTrader",
4        "coins": [],
5        "status": "LEGAL",
6        "id": "1",
```

```
7         "money": 120
8     }
```

买方金钱减少 20，将买到的货币放入钱包，数据如下：

```
1     // Xiao Ming
2     {
3         "$class": "org.trade.biznet.CoinTrader",
4         "coins": [
5             "resource:org.trade.biznet.Coin#11536113730071"
6         ],
7         "status": "LEGAL",
8         "id": "2",
9         "money": 80
10    }
```

2. 假币销毁

上述情景中，小王实际上制作了一枚假币！因此警察将会销毁该假币并禁止小王再次制作货币。

(1) 创建警察，警察信息如下：

```
1     // Policeman
2     {
3         "$class": "org.trade.biznet.Policeman",
4         "destroyNum": 0,
5         "id": "1",
6         "money": 100
7     }
```

(2) 发起销毁假币交易(DestoryIllegalCoinTransaction)，交易信息如下：

```
1     // DestoryIllegalCoinTransaction post data
2     {
3         "$class": "org.trade.biznet.DestoryIllegalCoinTransaction",
4         "coin": "resource:org.trade.biznet.Coin#11536113730071",
5         "policeman": "resource:org.trade.biznet.Policeman#1"
6     }
```

假币制造者被标为"非法的"，代码如下：

```
1     // CoinTrader Xiao Wang
2     {
```

```
3         "$class": "org.trade.biznet.CoinTrader",
4         "status": "ILLEGAL"
5      }
```

警察销毁假币数＋1，代码如下：

```
1    // Policeman
2    {
3         "$class": "org.trade.biznet.Policeman",
4         "destroyNum": 1,
5         "id": "1",
6    }
```

假币已从货币拥有者的钱包移除，代码如下：

```
1    // CoinTrader Xiao Ming
2    {
3         "$class": "org.trade.biznet.CoinTrader",
4         "coins": [],
5         "id": "2",
6    }
```

3. 假币制造者再次制币

执行制造货币交易，代码如下：

```
1    // MakeCoinTransaction post data
2    {
3         "$class": "org.trade.biznet.MakeCoinTransaction",
4         "price": 10,
5         "status": "LEGAL",
6         "coinMaker": "resource:org.trade.biznet.CoinTrader#1"
7    }
```

将看到错误提示，交易执行失败，账本状态将不会发生任何改变，如图 7-2 所示。

Error: illegal coin-maker cannot make a coin

图 7-2　错误提示

4. 批量销毁货币

手动创建两个合法和两个非法的货币，如图 7-3 所示。

```
10                    {
                        "$class": "org.trade.biznet.Coin",
                        "id": "10",
                        "price": 10,
                        "status": "LEGAL",
                        "createDate": "2019-03-25T03:56:47.051Z",
                        "maker": "resou...        Show All        CoinTrader#1"

11                    {
                        "$class": "org.trade.biznet.Coin",
                        "id": "11",
                        "price": 20,
                        "status": "LEGAL",
                        "createDate": "2019-03-25T03:57:05.365Z",
                        "maker": "resou...        Show All        CoinTrader#1"

12                    {
                        "$class": "org.trade.biznet.Coin",
                        "id": "12",
                        "price": 30,
                        "status": "ILLEGAL",
                        "createDate": "2019-03-25T03:58:55.467Z",
                        "maker": "resou...        Show All        CoinTrader#1"

13                    {
                        "$class": "org.trade.biznet.Coin",
                        "id": "13",
                        "price": 40,
                        "status": "ILLEGAL",
                        "createDate": "2019-03-25T03:59:13.890Z",
                        "maker": "resou...        Show All        CoinTrader#1"
```

图 7-3　创建货币

执行两次批量销毁货币交易，分别销毁所有合法和非法的货币(status 分别为 LEGAL 和 ILLEGAL)，代码如下：

```
1    // BatchDestoryCoinsTransaction post data
2    {
3        "$class": "org.trade.biznet.BatchDestoryCoinsTransaction",
4        "status": "LEGAL"
5    }
```

再次查看货币列表，发现已清空，说明批量销毁交易功能运行正常。

基本功能测试完成，接下来可以扩展网络。

7.1.4　网络扩展

(1) 进行合理性扩展，包含内容如下：
· 货币制作后立即检验，防止假币流通；
· 防止自买自卖。
(2) 进行安全性扩展，包含内容如下：
· 只有警察可以访问假币。
(3) 进行模型扩展，包含内容如下：
· 添加资产——新币种；
· 添加参与者——法庭，对假币制造者进行裁决；
· 添加参与者——黄牛，大量收获货币并高价卖出。

(4) 进行功能扩展，包含内容如下：

- 支持货币和货币间的交换；
- 批量制作货币或批量购买货币优惠；
- 对假币制造者进行金钱惩罚。

7.2　能源购置网络案例分析

在前面的实战中，资产交易的参与者仅限于双方，而本节的能源购置网络涉及三个交易参与者。

在该网络中，小区居民们可以使用金钱来购买银行发行的货币，并用该货币从能源公司购买能源；也可以将手中的货币还给银行来换取金钱。

了解需求背景后，即对该网络进行建模。

7.2.1　网络定义

该业务网络涉及如下内容：

- 货币、能源
- 居民、银行、能源公司
- 金钱、货币和能源之间的交易

(1) 资产包含如下内容：货币，能源。

(2) 参与者包含如下内容：居民，银行，能源公司。

在能源购置网络中，将模拟居民用银行发行的货币来购买能源的过程。

(3) 交易包含如下内容：居民用金钱购买货币；居民用货币购买能源；居民退还货币，获得金钱。

确认网络中的模型后，即可编写代码实现模型和交易。

7.2.2　代码实现

首先用 Yeoman 生成工程目录结构，并新建 lib 文件夹和 logic.js。

1. CTO 建模

1) 利用枚举设置货币持有者

货币持有者类型结构如下：

```
1    enum OwnerType {
2        o BANK        // 银行
3        o RESIDENT    // 居民
4        o COMPANY     // 公司
5    }
```

这是非常关键的枚举，因为在该网络中要通过持有者类型和持有者 id 来锁定唯一的货币持有者。

2) 设置相关资产类

设置抽象类，结构如下：

```
1    abstract asset BaseAsset identified by id {
2        o String id
3        o String ownerId        // 主人 id
4        o OwnerType ownerType    // 主人类型
5    }
```

设置货币类，代码如下：

```
1    asset Coin extends BaseAsset {
2    }
```

设置能源类，代码如下：

```
1    asset Energy extends BaseAsset {
2    }
```

3) 设置参与者相关类

设置参与者抽象类，结构如下：

```
1    abstract participant BaseParticipant identified by id {
2        o String id
3        o Double money    // 金钱
4        --> Coin[] coins    // 拥有货币
5    }
```

设置银行类，代码如下：

```
1    participant Bank extends BaseParticipant {
2    }
```

设置居民类，代码如下：

```
1    participant Resident extends BaseParticipant {
2        --> Energy[] energy    // 拥有能源
3    }
```

设置能源公司类，代码如下：

```
1    participant Company extends BaseParticipant {
2        --> Energy[] energy        // 拥有能源
3    }
```

4) 编写交易代码

居民用金钱从银行购买货币，代码如下：

```
1    transaction MoneyToCoinTransaction {
2        --> Coin coin                    // 货币
3        --> Bank bank                    // 银行
4        --> Resident resident            // 居民
5        o Double price                   // 价值
6    }
```

居民用货币从能源公司购买能源，代码如下：

```
1    transaction CoinToEnergyTransaction {
2        --> Coin coin                    // 货币
3        --> Energy energy                // 能源
4        --> Resident resident            // 居民
5        --> Company company              // 公司
6    }
```

居民从银行将货币兑换成金钱，代码如下：

```
1    transaction CoinToMoneyTransaction {
2        --> Coin coin                    // 货币
3        --> Bank bank                    // 银行
4        --> Resident resident            // 居民
5        o Double price                   // 价值
6    }
```

2. 业务逻辑

能源购置网络的业务逻辑代码写在 lib 目录下的 logic.js 文件中。

(1) 常量定义，代码如下：

```
1    const factory = getFactory();
2    const NS = 'org.energy.biznet';
3
4    /**
5     * 所有者类型
6     */
7    const ownerType = {
```

```
8        BANK: "BANK",
9        RESIDENT: "RESIDENT",
10       COMPANY: "COMPANY"
11   }
```

(2) 用金钱购买货币，代码如下：

```
1    /**
2     * 用金钱换货币
3     * @param {org.energy.biznet.MoneyToCoinTransaction} tx
4     * @transaction
5     */
6    async function moneyToCoin(tx) {
7        // 取参数对象
8        var bank = tx.bank;
9        var resident = tx.resident;
10       var coin = tx.coin;
11       // 是否有足够钱购买货币
12       if (resident.money < tx.price) {
13           throw new Error('money not enough to buy coin');
14       }
15       // 获取注册器
16       var coinRegistry = await getAssetRegistry(NS + '.Coin');
17       var residentRegistry = await getParticipantRegistry(NS + '.Resident');
18       var bankRegistry = await getParticipantRegistry(NS + '.Bank');
19       // 银行扣除指定货币
20       removeAssetById(bank.coins, coin);
21       // 居民获得货币
22       resident.coins.push(coin);
23       // 改变货币所属
24       coin.ownerId = resident.id;
25       coin.ownerType = ownerType.RESIDENT;
26       // 居民向银行付款
27       resident.money -= tx.price;
28       bank.money += tx.price;
29       // 更新资源
30       await coinRegistry.update(coin);
31       await residentRegistry.update(resident);
32       await bankRegistry.update(bank);
33   }
```

上述代码对应的业务逻辑可被简述为: 获取交易双方的参与者信息并检查购买者的余额是否足够→将货币实例从卖方转移至购买方→调整交易双方的余额→与注册器交互并更新相关资源的状态。

(3) 用货币购买能源,代码如下:

```
1    /**
2     * 用货币换能源
3     * @param {org.energy.biznet.CoinToEnergyTransaction} tx
4     * @transaction
5     */
6    async function coinToEnergy(tx) {
7        // 取参数对象
8        var coin = tx.coin;
9        var energy = tx.energy;
10       var resident = tx.resident;
11       var company = tx.company;
12       // 取注册器
13       var coinRegistry = await getAssetRegistry(NS + '.Coin');
14       var energyRegistry = await getAssetRegistry(NS + '.Energy');
15       var residentRegistry = await getParticipantRegistry(NS + '.Resident');
16       var companyRegistry = await getParticipantRegistry(NS + '.Company');
17       // 居民消耗指定货币
18       removeAssetById(resident.coins, coin);
19       // 公司消耗指定能源
20       removeAssetById(company.energy, energy);
21       // 居民获得能源
22       resident.energy.push(energy);
23       // 公司获得货币
24       company.coins.push(coin);
25       // 改变货币所属
26       coin.ownerId = company.id;
27       coin.ownerType = ownerType.COMPANY;
28       // 改变能源所属
29       energy.ownerId = resident.id;
30       energy.ownerType = ownerType.RESIDENT;
31       // 更新资源
32       await coinRegistry.update(coin);
33       await energyRegistry.update(energy);
34       await residentRegistry.update(resident);
35       await companyRegistry.update(company);
36   }
```

该函数调用了辅助函数 removeAssetById，表示资源的支出。

上述代码对应的业务逻辑可被简述为：获取交易双方的参与者信息→将货币实例从居民转移至能源公司→将能源实例从能源公司转移至居民→与注册器交互并更新相关资源的状态。

(4) 将货币兑换成金钱，代码如下：

```
1    /**
2    *  用货币换金钱
3    *  @param {org.energy.biznet.CoinToMoneyTransaction} tx
4    *  @transaction
5    */
6    async function coinToMoney(tx) {
7        // 取参数对象
8        var coin = tx.coin;
9        var bank = tx.bank;
10       var resident = tx.resident;
11       // 取注册器
12       var coinRegistry = await getAssetRegistry(NS + '.Coin');
13       var residentRegistry = await getParticipantRegistry(NS + '.Resident');
14       var bankRegistry = await getParticipantRegistry(NS + '.Bank');
15       // 居民退还指定货币
16       removeAssetById(resident.coins, coin);
17       // 银行获得该货币
18       bank.coins.push(coin);
19       // 改变货币所属
20       coin.ownerId = bank.id;
21       coin.ownerType = ownerType.BANK;
22       // 金钱交易
23       resident.money += tx.price;
24       bank.money -= tx.price;
25       // 更新资源
26       await coinRegistry.update(coin);
27       await residentRegistry.update(resident);
28       await bankRegistry.update(bank);
29   }
```

💡 不用担心交易部分失败所产生的不一致性。因为交易函数是原子性的，一旦某个对账本的操作失败，事务将自动回滚，账本不会做任何改变。

上述代码对应的业务逻辑可被简述为：获取交易双方的参与者信息→将货币实例从居

民转移至银行→更新双方的用户余额→与注册器交互并更新相关资源的状态。

(5) 编写辅助函数。从数组中移除指定元素，代码如下：

```
1   /**
2    *  从数组中移除 id 等于目标 id 的元素
3    */
4   function removeAssetById(array, target) {
5       // 数组不存在
6       if (!array) {
7           return;
8       }
9       for (var i = 0; i < array.length; i++) {
10          if (array[i].id == target.id) {
11              array.splice(i, 1); //删除下标为 i 的元素
12              return;
13          }
14      }
15  }
```

代码编写完成，接下来将其打包并部署到 Composer Playground 上进行测试。

7.2.3 情景模拟

1. 购买能源

某居民区附近有银行和能源公司，银行发行了一批货币，居民先从银行购买货币，再使用货币从能源公司购买能源。

(1) 创建居民，数据如下：

```
1   // Resident
2   {
3       "$class": "org.energy.biznet.Resident",
4       "energy": [],
5       "id": "1",
6       "money": 100,
7       "coins": []
8   }
```

(2) 创建银行，数据如下：

```
1   // Bank
2   {
3       "$class": "org.energy.biznet.Bank",
```

```
4          "id": "1",
5          "money": 100,
6          "coins": [
7              "resource:org.energy.biznet.Coin#1",
8              "resource:org.energy.biznet.Coin#2"
9          ]
10     }
```

由于没有定义发行货币交易，因此必须手动创建货币。在创建银行时可预先在 coins 数组中指定其发行的货币名，但不要忘记创建添加至数组的货币。

(3) 创建能源公司，数据如下：

```
1      // Company
2      {
3          "$class": "org.energy.biznet.Company",
4          "energy": [
5              "resource:org.energy.biznet.Energy#1"
6          ],
7          "id": "1",
8          "money": 100,
9          "coins": []
10     }
```

(4) 创建两个货币，数据如下：

```
1      // Coin 1
2      {
3          "$class": "org.energy.biznet.Coin",
4          "id": "1",
5          "ownerId": "1",
6          "ownerType": "BANK"
7      }
8      // Coin 2
9      {
10         "$class": "org.energy.biznet.Coin",
11         "id": "2",
12         "ownerId": "1",
13         "ownerType": "BANK"
14     }
```

(5) 创建能源实例，拥有者是 id 为 1 的公司，数据如下：

```
1    // Energy
2    {
3        "$class": "org.energy.biznet.Energy",
4        "id": "1",
5        "ownerId": "1",
6        "ownerType": "COMPANY"
7    }
```

(6) 居民从银行购买货币，执行购买货币交易(MoneyToCoinTransaction)，数据如下：

```
1    // MoneyToCoinTransaction post data
2    {
3        "$class": "org.energy.biznet.MoneyToCoinTransaction",
4        "coin": "resource:org.energy.biznet.Coin#1",
5        "bank": "resource:org.energy.biznet.Bank#1",
6        "resident": "resource:org.energy.biznet.Resident#1",
7        "price": 20
8    }
```

货币的拥有者发生改变，数据如下：

```
1    // Coin 1
2    {
3        "$class": "org.energy.biznet.Coin",
4        "id": "1",
5        "ownerId": "1",
6        "ownerType": "RESIDENT"
7    }
```

银行获得 20 金钱，且支出了一枚货币，数据如下：

```
1    // Bank
2    {
3        "$class": "org.energy.biznet.Bank",
4        "id": "1",
5        "money": 120,
6        "coins": [
7            "resource:org.energy.biznet.Coin#2"
8        ]
9    }
```

居民支出 20 金钱，且获得了一枚货币，数据如下：

```
1    // Resident
2    {
3        "$class": "org.energy.biznet.Resident",
4        "energy": [],
5        "id": "1",
6        "money": 80,
7        "coins": [
8            "resource:org.energy.biznet.Coin#1"
9        ]
10   }
```

(7) 居民用货币购买能源，执行货币换能源交易(CoinToEnergyTransaction)，数据如下：

```
1    // CoinToEnergyTransaction post data
2    {
3        "$class": "org.energy.biznet.CoinToEnergyTransaction",
4        "coin": "resource:org.energy.biznet.Coin#1",
5        "energy": "resource:org.energy.biznet.Energy#1",
6        "resident": "resource:org.energy.biznet.Resident#1",
7        "company": "resource:org.energy.biznet.Company#1"
8    }
```

能源的拥有者发生改变，数据如下：

```
1    // Energy
2    {
3        "$class": "org.energy.biznet.Energy",
4        "id": "1",
5        "ownerId": "1",
6        "ownerType": "RESIDENT"
7    }
```

货币的拥有者发生改变，数据如下：

```
1    // Coin 1
2    {
3        "$class": "org.energy.biznet.Coin",
4        "id": "1",
5        "ownerId": "1",
6        "ownerType": "COMPANY"
7    }
```

公司支出能源，获得货币，数据如下：

```
1    // Company
2    {
3        "$class": "org.energy.biznet.Company",
4        "energy": [],
5        "id": "1",
6        "money": 100,
7        "coins": [
8            "resource:org.energy.biznet.Coin#1"
9        ]
10   }
```

居民支出货币，获得能源，数据如下：

```
1    // Resident
2    {
3        "$class": "org.energy.biznet.Resident",
4        "energy": [
5            "resource:org.energy.biznet.Energy#1"
6        ],
7        "id": "1",
8        "money": 80,
9        "coins": []
10   }
```

2. 退还货币

该居民又买了一枚货币，但发现目前不需要它，于是决定退还货币给银行。

1）再次购买货币

执行购买货币交易(MoneyToCoinTransaction)，数据如下：

```
1    // MoneyToCoinTransaction post data
2    {
3        "$class": "org.energy.biznet.MoneyToCoinTransaction",
4        "coin": "resource:org.energy.biznet.Coin#2",
5        "bank": "resource:org.energy.biznet.Bank#1",
6        "resident": "resource:org.energy.biznet.Resident#1",
7        "price": 20
8    }
```

银行获得 20 金钱，支出货币，数据如下：

```
1    // Bank
2    {
3        "$class": "org.energy.biznet.Bank",
4        "id": "1",
5        "money": 140,
6        "coins": []
7    }
```

居民支出 20 金钱，获得货币，数据如下：

```
1    // Resident
2    {
3        "$class": "org.energy.biznet.Resident",
4        ...
5        "id": "1",
6        "money": 60,
7        "coins": [
8            "resource:org.energy.biznet.Coin#2"
9        ]
10   }
```

2) 执行退还货币操作

执行货币换金钱交易(CoinToMoneyTransaction)，数据如下：

```
1    // CoinToMoneyTransaction post data
2    {
3        "$class": "org.energy.biznet.CoinToMoneyTransaction",
4        "coin": "resource:org.energy.biznet.Coin#2",
5        "bank": "resource:org.energy.biznet.Bank#1",
6        "resident": "resource:org.energy.biznet.Resident#1",
7        "price": 10
8    }
```

银行获得货币，退给居民 10 金钱，数据如下：

```
1    // Bank
2    {
3        "$class": "org.energy.biznet.Bank",
4        "id": "1",
5        "money": 130,
```

```
6        "coins": [
7                "resource:org.energy.biznet.Coin#2"
8        ]
9    }
```

居民退还货币给银行，获得 10 金钱，数据如下：

```
1    // Resident
2    {
3        "$class": "org.energy.biznet.Resident",
4        ...
5        "id": "1",
6        "money": 70,
7        "coins": []
8    }
```

网络基本功能测试完成后，可根据需要对网络进行扩展。

7.2.4　网络扩展

(1) 进行合理性扩展，内容如下：
- 用户购买能源时必须确保能源公司仍有此能源；
- 用户购买货币时必须确保银行仍有此货币；
- 银行在受理退币时必须确保该用户仍有此货币；
- 在购买货币和退还货币返现交易中检查金额是否合法。

(2) 进行安全性扩展，内容如下：
- 用户只能使用自己的货币。

(3) 模型扩展，内容如下：
- 添加资产——新币种；
- 添加参与者——能源回收者，从居民回收能源；
- 添加事件——银行发行货币。

(4) 进行功能扩展，内容如下：
- 能源公司也可以用货币从银行兑换金钱；
- 能源可能会过期，需要添加一个时间戳；
- 不同的币种兑换不同的能源数。

(5) 进行其他网络扩展。

在示例的能源购置网络中，将每个货币和能源独立化了，即需要用指定的货币去兑换指定的能源。

实际上，可以将货币和能源进行通用处理，每次居民购买银行发行的货币，银行就从货币数组中弹出最后一个货币给居民。同理，居民用货币购买能源时，无需指定具体的货币 id，取出最后一个货币即可。这样不仅可以减少参数的传递，还提供了一种判断能否交易的简便方法——数组是否为空。

此外，还可以把 price(价格)属性从交易移至货币，这样每次发起交易时，price 是一个固定的值，而无需刻意传参。当银行想要货币贬值时，可以使用 updateAll 函数对所有货币的价值进行更新，调整币价将变得相当简单灵活。

7.3　产品拍卖网络案例分析

区块链的应用场景不只局限于金融，还可以扩展到涉及交易逻辑的所有业务，比如产品拍卖。

在产品拍卖业务网络中，拍卖会的参与者们会对会上的产品进行竞价拍卖，最终价高者得。

7.3.1　网络定义

根据需求对网络进行建模，该业务网络涉及如下内容：拍卖品，出价者，加价，落锤(拍卖结束)。

(1) 资产包含内容：拍卖品。

(2) 参与者。在产品拍卖网络中，要模拟对产品的竞价拍卖的流程，需要的参与者是：出价者。

(3) 交易包含内容：出价者加价，落锤(拍卖结束)。

(4) 事件包含内容：拍卖品拍卖结束时进行通知。

确认网络中的模型后，即可编写代码实现模型和交易。

7.3.2　代码实现

首先用 Yeoman 生成工程目录结构，并新建 lib 文件夹和 logic.js。

1. CTO 建模

1) 利用枚举设置状态

设置拍卖品状态，代码如下：

```
1    enum ProductStatus {
2        o ON_SALE          // 拍卖中
3        o HAS_SOLD         // 已出售
4    }
```

2) 设置相关资产

使用数组来记录拍卖品的价格增长，结构如下：

```
1    asset Product identified by id{
2        o String id
3        o String name                    // 产品名称
4        o Double startingPrice           // 起拍价
5        o ProductStatus status           // 拍卖状态
6        o Double[] procedure             // 叫价过程
7        --> Bidder owner optional        // 拥有者
8    }
```

3) 设置相关参与者

出价者结构如下：

```
1    participant Bidder identified by id {
2        o String id
3        o Double money                   // 金钱
4        -->Product[] products            // 拥有的产品
5    }
```

4) 编写交易代码

出价者加价，代码如下：

```
1    transaction AddPriceTransaction {
2        -->Product product               // 拍卖品
3        --> Bidder bidder                // 叫价者
4        o Double price                   // 价格
5    }
```

拍卖结束，代码如下：

```
1    transaction AuctionSucceedTransaction {
2        --> Product product              // 拍卖品
3    }
```

由于 Product 资产中具有的 owner 属性会记录当前叫价最高者，因此在该交易中只需定义 Product 依赖。

5) 编写事件代码

拍卖品拍卖结束，使用 message 属性来传递事件通知，代码如下：

```
1    event ProductSoldEvent {
2        o String message                 // 消息
3        --> Product product              // 拍卖品
4    }
```

2. 编写业务逻辑

产品拍卖网络的业务逻辑代码写在 lib 目录下的 logic.js 文件中。

(1) 常量定义，代码如下：

```
1    const factory = getFactory();
2    const NS = org.auction.biznet';
3
4    /**
5     * 拍卖品状态
6     */
7    const productStatus = {
8        ON_SALE: "ON_SALE",
9        HAS_SOLD: "HAS_SOLD"
10    }
```

(2) 出价者加价，代码如下：

```
1    /**
2     * 叫价
3     * @param {org.auction.biznet.AddPriceTransaction} tx
4     * @transaction
5     */
6    async function addPrice(tx) {
7        // 取参数对象
8        var product = tx.product;
9        var bidder = tx.bidder;
10        // 产品是否在拍卖中
11        if (product.status != productStatus.ON_SALE) {
12            throw new Error('the product has been sold');
13        }
14        // 叫价者金钱是否足够
15        if (bidder.money < tx.price) {
16            throw new Error('money not enough to auction');
17        }
18        // 如果是第一次叫价
19        if (product.procedure.length == 0) {
20            // 本次叫价须大于起拍价
21            if (tx.price > product.startingPrice) {
```

```
22              // 记录叫价
23                  product.procedure.push(tx.price);
24              // 价高者得
25                  product.owner = bidder;
26          } else {
27              throw new Error('price too low');
28          }
29      } else {
30          // 本次叫价须大于当前最高价
31          if (tx.price > product.procedure[product.procedure.length - 1]) {
32              // 记录叫价
33                  product.procedure.push(tx.price);
34              // 价高者得
35                  product.owner = bidder;
36          } else {
37              throw new Error('price too low');
38          }
39      }
40      // 取注册器
41      var productRegistry = await getAssetRegistry(NS + '.Product');
42      // 更新产品
43      await productRegistry.update(product);
44  }
```

首次叫价时，procedure 数组为空。因此只要首次叫价价格大于起始价格，即为叫价成功，之后的叫价必须大于当前最高出价。

代码对应的业务逻辑可被描述为：获取拍卖者与拍卖品的状态信息，检查拍卖品状态是否满足要求→判断拍卖者的金额是否足够→根据拍卖进展判断拍卖者叫价是否有效→若叫价有效则转移拍卖品的暂时所有权至相应拍卖者并更新叫价记录数组→与注册器交互，更新相关资源的状态。

(3) 拍卖结束，代码如下：

```
1   /**
2   拍卖结束
3   @param {org.auction.biznet.AuctionSucceedTransaction} tx
4   @transaction
5   */
6   async function auctionSucceed(tx) {
7       // 取参数对象
```

```
8        var product = tx.product;
9        // 获得当前叫价最高者
10       var bidder = product.owner;
11       // 若无人叫价
12       if (!bidder) {
13           throw new Error('no one want this product');
14       }
15       // 有人叫价，拍卖成功
16       // 产品状态修改为已卖出
17       product.status = productStatus.HAS_SOLD;
18       // 获得者扣除拍卖品费用
19       bidder.money -= product.procedure[product.procedure.length - 1];
20       // 加入到获得者已有拍卖品数组
21       bidder.products.push(product);
22       // 取注册器
23       var productRegistry = await getAssetRegistry(NS + '.Product');
24       var bidderRegistry = await getParticipantRegistry(NS + '.Bidder');
25       // 更新产品和获得者
26       await productRegistry.update(product);
27       await bidderRegistry.update(bidder);
28       // 定义事件
29       var event = factory.newEvent(NS, 'ProductSoldEvent');
30       event.product = product;
31       // 自定义消息
32       event.message = product.name + ' has been sold successfully!';
33       // 触发事件
34       emit(event);
35   }
```

代码对应的业务逻辑可被描述为：获取交易品的当前拥有者与当前叫价→将拍卖品实例正式转移至当前拥有者并扣除叫价金额→与注册器交互，更新相关资源的状态→发布拍卖成功事件。

代码编写完成，接下来将其打包并部署到 Composer Playground 上进行测试。

7.3.3　情景模拟

1. 产品拍卖成功

一场大型拍卖会正在进行，很多企业家们都在争抢一件绝世珍宝。拍卖规则很简单，价高者得。

1) 创建叫价者

创建三位叫价者，具有的资产分别为 1000、2000、3000，代码如下：

```
1    // Bidder 1
2    {
3        "$class": "org.auction.biznet.Bidder",
4        "id": "1",
5        "money": 1000,
6        "products": []
7    }
8    // Bidder 2
9    {
10        "$class": "org.auction.biznet.Bidder",
11        "id": "2",
12        "money": 2000,
13        "products": []
14    }
15    // Bidder 3
16    {
17        "$class": "org.auction.biznet.Bidder",
18        "id": "3",
19        "money": 3000,
20        "products": []
21    }
```

2) 创建拍卖品

拍卖品初始状态为"拍卖中"，代码如下：

```
1    // Product
2    {
3        "$class": "org.auction.biznet.Product",
4        "id": "1",
5        "name": "Famous Painting",
6        "startingPrice": 500,
7        "status": "ON_SALE",
8        "procedure": []
9    }
```

3) 竞拍叫价

执行一次叫价交易，第一位叫价者叫价，代码如下：

```
1    // AddPriceTransaction post data
2    {
3        "$class": "org.auction.biznet.AddPriceTransaction",
4        "product": "resource:org.auction.biznet.Product#1",
5        "bidder": "resource:org.auction.biznet.Bidder#1",
6        "price": 1000
7    }
```

拍卖品记录了最新叫价，且得主更换，代码如下：

```
1    // Product
2    {
3        "$class": "org.auction.biznet.Product",
4        "id": "1",
5        ...
6        "procedure": [
7        1000
8        ],
9        "owner": "resource:org.auction.biznet.Bidder#1"
10   }
```

再执行一次叫价交易，由第二位叫价者进行叫价，代码如下：

```
1    // AddPriceTransaction post data
2    {
3        "$class": "org.auction.biznet.AddPriceTransaction",
4        "product": "resource:org.auction.biznet.Product#1",
5        "bidder": "resource:org.auction.biznet.Bidder#2",
6        "price": 1500
7    }
```

拍卖品再次记录了最新叫价，且得主更换，代码如下：

```
1    // Product
2    {
3        "$class": "org.auction.biznet.Product",
4        "id": "1",
5        ...
6        "procedure": [
7            1000,
```

```
8              1500
9          ],
10         "owner": "resource:org.auction.biznet.Bidder#2"
11     }
```

再执行一次叫价交易，由第三位叫价者叫价，代码如下：

```
1      // AddPriceTransaction post data
2      {
3          "$class": "org.auction.biznet.AddPriceTransaction",
4          "product": "resource:org.auction.biznet.Product#1",
5          "bidder": "resource:org.auction.biznet.Bidder#3",
6          "price": 2500
7      }
```

再次记录叫价并改变拍卖品得主，代码如下：

```
1      // Product
2      {
3          "$class": "org.auction.biznet.Product",
4          "id": "1",
5          ...
6          "procedure": [
7              1000, 1500, 2500
8          ],
9          "owner": "resource:org.auction.biznet.Bidder#3"
10     }
```

此时拍卖品的价格已经非常高了，前两位叫价者已经没有足够的资产继续加价了。执行叫价交易，第一位叫价者再次叫价，代码如下：

```
1      // AddPriceTransaction post data
2      {
3          "$class": "org.auction.biznet.AddPriceTransaction",
4          "product": "resource:org.auction.biznet.Product#1",
5          "bidder": "resource:org.auction.biznet.Bidder#1",
6          "price": 3000
7      }
```

金钱不足以叫价，错误提示如图 7-4 所示。

Error: money not enough to auction

图 7-4　叫价失败错误提示

4) 拍卖结束，一锤定音

执行拍卖结束(落锤)交易，代码如下：

```
1    // AuctionSucceedTransaction post data
2    {
3        "$class": "org.auction.biznet.AuctionSucceedTransaction",
4        "product": "resource:org.auction.biznet.Product#1"
5    }
```

产品拍卖成功，状态更改，代码如下：

```
1    // Product
2    {
3        "$class": "org.auction.biznet.Product",
4        "id": "1",
5        "name": "Famous Painting",
6        "startingPrice": 500,
7        "status": "HAS_SOLD",
8        "procedure": [
9        1000, 1500, 2500
10       ],
11       "owner": "resource:org.auction.biznet.Bidder#3"
12   }
```

拍卖品得主扣除金钱，获得拍卖品，代码如下：

```
1    // Bidder 3
2    {
3        "$class": "org.auction.biznet.Bidder",
4        "id": "3",
5        "money": 500,
6        "products": [
7        "resource:org.auction.biznet.Product#1"
8        ]
9    }
```

查看交易历史记录，拍卖成功时，将收到事件通知，如图 7-5 所示。

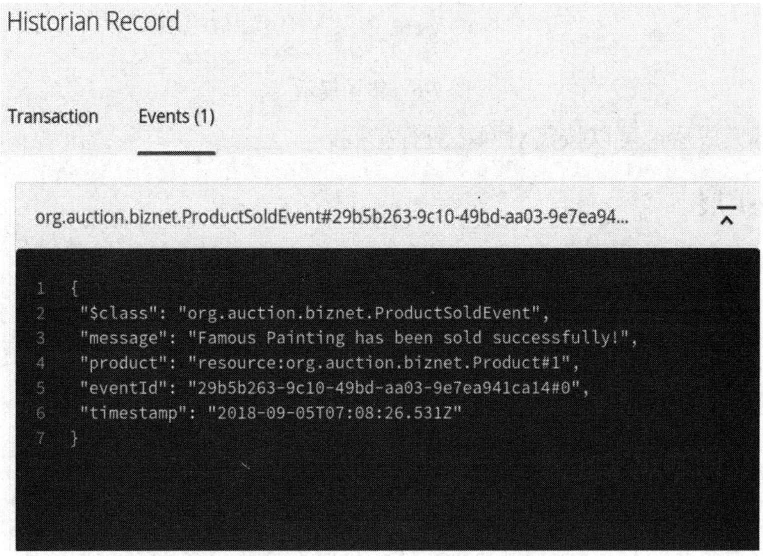

图 7-5　在历史记录中查看事件通知

2. 产品拍卖失败

接下来，开始拍卖另一件宝贝，不过好像大家都对这件拍卖品不感兴趣，最终也无人叫价。

(1) 创建拍卖品，数据如下：

```
1    // Product
2    {
3        "$class": "org.auction.biznet.Product",
4        "id": "2",
5        "name": "Ordinal Painting",
6        "startingPrice": 300,
7        "status": "ON_SALE",
8        "procedure": []
9    }
```

(2) 拍卖结束，执行落锤操作。

执行拍卖结束(落锤)交易，代码如下：

```
1    // AuctionSucceedTransaction post data
2    {
3        "$class": "org.auction.biznet.AuctionSucceedTransaction",
4        "product": "resource:org.auction.biznet.Product#2"
5    }
```

无人购买，交易失败，如图 7-6 所示。

Error: no one want this product

图 7-6　错误提示

功能测试完成后，可以按需对网络进行扩展。

7.3.4　网络扩展

(1) 进行合理性扩展，包含内容如下：

· 拍卖成功时，当前拍卖品必须处于拍卖中；

· 拍卖成功时，要再次校验得主的金钱是否足够。

(2) 进行安全性扩展，包含内容如下：

· 禁止任何人随意修改拍卖品属性，只能公开叫价。

(3) 进行模型扩展，包含内容如下：

· 添加参与者——拍卖家，负责产品的拍卖；

· 添加参与者——拍卖品原主人；

· 添加事件——有新的叫价。

(4) 进行功能扩展，包含内容如下：

· 自定义拍卖规则，未必价高者得；

· 拍卖品原主人可在首次叫价前修改起价；

· 产品拍卖成功，拍卖家收到一定酬劳。

本 章 小 结

通过本章的学习，读者应对 Hyperledger Composer 的一个高级功能——自定义查询——有了基本的了解。并且通过三方交易类型和拍卖业务网络的实战，熟悉了框架，开拓了思路。

至此，Hyperledger Composer 项目实战系列就结束了。Hyperledger Composer 的主要功能均已探索，还有一些功能，如资源注解、访问控制、动态绑卡、查看历史记录、OAuth 等，在此不再赘述。读者可自行阅读官方文档进行学习。

本系列教程仅仅演示了超级账本项目的冰山一角。实际上，通过 Fabric 区块链网络和 Hyperledger Composer 框架，几乎可以满足任何业务需求，开发任何不同场景的应用。Hyperledger 项目还提供了 Explorer 作为区块链的监控界面。想要成为超级账本的开发高手，就要不断地积累项目经验，探索更多的技术，激发区块链技术的无限可能性。

第 8 章　Hyperledger Composer 客户端接入

通过前几章的实战，读者已经熟悉了 Hyperledger Composer 的开发方法，知道了如何启动 Rest Server 并成功生成了 Restful Api 接口。那么如何利用生成的 Api 对区块链上的数据进行操作呢？

本章将演示使用不同语言及开发框架调用 Hyperledger Composer 生成 Restful Api 的方式，结合之前的知识，帮助读者掌握在现有项目基础上整合区块链进行开发的完整流程。

【学习目标】

➢ 掌握传统项目开发方式；
➢ 掌握区块链项目开发方式；
➢ 了解多语言 Rest Server 接入方式。

8.1　项目简介

区块链是一个分布式数据库，基于其加密、防篡改、可溯源等特点，现在很多项目都会利用区块链来存储重要、敏感的数据。和传统的关系型数据库、NoSQL 数据库不同，对基于 Hyperledger Fabric 的区块链进行操作不需要使用 SDK。Hyperledger Composer 提供了 Rest Server 和一套 Restful Api，只要使用 Http 请求远程调用即可使用。

现在的主流项目开发语言，如 Java、Php、Golang、Node.js、Python 等，都支持 Http 客户端调用。因此 Hyperledger Composer 的客户端接入十分简单，甚至让开发者完全感受不到区块链的存在，可以专注于业务。

本章首先从传统项目开发方式讲起，逐步揭秘传统项目和区块链项目开发过程的异同；再演示如何使用不同语言的客户端接入 Composer Rest Server。

8.2　传统项目的开发方式

在智能手机还未普及的时候，人们看到的网站大多是静态网站，那时"前端"的概念并不流行。后来动态网站的出现掀起了一场网络风暴，人们可以使用网站来收发邮件、填表、听音乐、玩游戏、购物等。如今已经是"大前端时代"，H5、iOS、Android、微信小程序、支付宝小程序等成为移动端 App 的主流开发技术。

随着旧技术的沉淀和新技术的不断破土而出，如今的互联网项目日渐庞大，因此出现了"前后端分离"、"DevOps"等开发技术。下面先介绍传统项目开发方式。

传统项目开发方式如图 8-1 所示。

图 8-1　传统项目开发方式

> 静态网站是指由静态化的页面和代码组成的网站，页面的内容通常是固定或者人为更新的，网站更新频率低，主要依赖 Html 技术。而动态网站以数据库为基础，网页上的内容实时拉取，丰富了 Web 的功能，主要依赖 Js 技术，并在此基础上产生了 H5 及更多的 Web 开发语言。

8.3　区块链项目的开发方式

典型的区块链项目开发方式有完全去中心化(DAPP)开发和数据存储分布式开发两种。

8.3.1　完全去中心化开发

完全去中心化是指应用部署在区块链平台上，而不是具体某一台服务器，因此不会出现单机故障，此类应用即 DAPP。用户一般需要下载特定的客户端，如区块链浏览器或电子钱包才能使用 DAPP。

目前，以太坊(Solidity 和 Truffle)和 EOS 是 DAPP 开发的主流技术，开发难度较大。开发过程如图 8-2 所示。

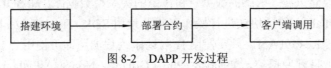

图 8-2　DAPP 开发过程

8.3.2　数据存储分布式开发

数据存储分布式开发方式仅仅是将区块链作为分布式数据库去使用，实际应用还是部署在中心服务器上的。因此该方式和传统开发区别不大，十分简单，在提升数据的安全性方面却有显著效果，开发过程如图 8-3 所示。

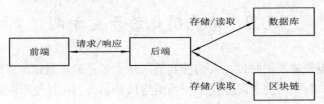

图 8-3　数据存储分布式开发过程

Hyperledger Composer 适用于该开发方式，后端通过请求调用 Composer Rest Server 提

供的 Restful Api 对区块链上的数据进行增删查改等操作。

在了解两种区块链项目的开发方式后，下面进入对 Hyperledger Composer 客户端接入过程的讲解。Hyperledger Composer 客户端的语言包括 Java、Php、Golang、Node.js 和 Python，读者可以用自己熟悉的语言有选择地阅读。

8.4　多语言 Rest Server 客户端接入

无论客户端使用什么编程语言去调用 Rest Server 的 Api，其原理是一致的，即向 Rest Server 发送 Http 请求并传递请求数据，等待接受 Rest Server 的响应，然后将响应数据转换为可用的对象(或变量)。因此所有支持 Http 客户端调用的编程语言都能使用 Rest Server 提供的服务，从而操作区块链的数据。

下面介绍几种调用区块链 Api 的主流语言。

8.4.1　Java

Java 作为 TIOBE 编程语言排行榜的榜首，在企业项目开发、大数据、分布式、微服务等领域均被广泛使用。它是一种面向对象的语言，具有跨平台、健壮性、多线程等特性，且完美支持 RMI、RPC、Http 等多种远程调用方式。因此，使用 Java 语言开发的项目接入 Rest Server 极其简单。

> RPC(Remote Procedure Call, 远程过程调用)是指通过网络从远程计算机上请求调用某种服务，常用的数据交换格式有重量级的 XML 和轻量级的 JSON、Protobuf 等。RMI(Remote Method Invocation，远程方法调用)局限于 Java 虚拟机，是指客户端 Java 虚拟机上的对象像调用本地对象一样调用服务端 Java 虚拟机中的对象上的方法。

目前流行的 Java 项目开发框架有 Spring(面向切面编程)、SpringMVC(Web 项目)、Mybatis(数据访问)、SpringBoot(快速搭建 Spring 项目)、Dubbo(RPC 远程调用)、SpringCloud(微服务)、Netty(高性能 NIO)等。

HttpClient 是 Java 最常用的 http 调用库，并且在 Java 11 的新特性中提供了 HttpClient Api。由于 Java 8 是目前企业项目的主流版本，此处使用 Apache 下的 HttpClient 来调用 Restful Api，方法如下：

(1) 引入 Maven 依赖(或者下载 jar 包)，配置代码如下：

```
1    <!-- httpclient 组件 -->
2    <dependency>
3        <groupId>org.apache.httpcomponents</groupId>
4        <artifactId>httpclient</artifactId>
5        <version>${httpclient.version}</version>
6    </dependency>
```

```
7
8    <!-- fastjson 用于解析 json 字符串为数组或对象  -->
9    <dependency>
10        <groupId>com.alibaba</groupId>
11        <artifactId>fastjson</artifactId>
12        <version>1.2.54</version>
13   </dependency>
```

(2) 初始化 HttpClientBuilder，此处使用连接池管理 Http 连接，代码如下：

```
1    PoolingHttpClientConnectionManager manager = new PoolingHttpClientConnectionManager();
2    manager.setMaxTotal(2000);
3    manager.setDefaultMaxPerRoute(1000);
4    HttpClientBuilder clientBuilder = HttpClients.custom().setConnectionManager(manager);
```

(3) 创建 HttpClient，根据接口地址和请求类型创建请求对象。
Get 请求方式代码如下：

```
1    CloseableHttpClient httpClient = clientBuilder.build();
2    HttpGet httpGet = new HttpGet(url);
3    // 指定请求参数类型为 json
4    httpGet.setHeader("Content-Type", "application/json");
```

Post 请求方式代码如下：

```
1    CloseableHttpClient httpClient = clientBuilder.build();
2    HttpPost httpPost = new HttpPost(url);
3    httpPost.setHeader("Content-Type", "application/json");
4    // 请求参数
5    httpPost.setEntity(new StringEntity(data, ContentType.APPLICATION_JSON));
```

Delete 请求方式代码如下：

```
1    CloseableHttpClient httpClient = clientBuilder.build();
2    HttpDelete httpDelete = new HttpDelete(url);
3    httpDelete.setHeader("Content-Type", "application/json");
```

Put 请求方式代码如下：

```
1    CloseableHttpClient httpClient = clientBuilder.build();
2    HttpPut httpPut = new HttpPut(url);
3    httpPut.setHeader("Content-Type", "application/json");
4    httpPut.setEntity(new StringEntity(data, ContentType.APPLICATION_JSON));
```

（4）发送请求，接受响应，代码如下：

```
1      // execute 方法中指定封装的请求
2      HttpResponse response = httpClient.execute(httpGet);
3    checkResponse(response, 200, url);
4      String jsonData = responseToJsonString(response);
5      // 将 json 结果字符串转换为 User 对象(POJO)
7      User user = JSONArray.parseArray(jsonData, User.class);
7
8      // 判断请求是否成功，若失败则抛出异常
9    void checkResponse(HttpResponse response, int successCode, String url) throws IOException {
10         int code = response.getStatusLine().getStatusCode();
11         if (code != successCode) {
12         throw new Exception(code, "调用失败，接口地址：" + url + "，状态码：" + code + "，
               错误信息：" + responseToJsonString(response));
13         }
14    }
15
16    // HttpResponse 转 Json 字符串
17    String responseToJsonString(HttpResponse response) throws IOException {
18         return EntityUtils.toString(response.getEntity(), "UTF-8");
19    }
```

这里封装了两个常用函数：checkResponse 用于判断请求是否返回了指定的状态码，否则抛出异常；responseToJsonString 则用于接收 Rest Server 返回的 Json 格式的字符串。

> 调用 Rest Server 接口时要注意请求类型以及请求参数，不能随意增加或缺少字段。此外，还要使用合适的数据结构(如对象或数组)来接收将响应的 Json 字串解析后的数据。

8.4.2　PHP

PHP 有超过 20 年的历史和巨大的生态圈，该语言因为语法简单灵活而著称，但是其性能相对其他语言较低，因此适用于开发中小型网站项目以及业务层面的应用。

> 程序员圈子里有一个梗——"PHP 是世界上最好的语言"。这是 PHP 爱好者所称，最主要的原因是 PHP 的简单、快速。无需编译、弱类型、热部署、开发快、运行稳定、内置模板引擎、丰富的库函数、强大的数组等都是 PHP 明显的优势，再加上 PHP7 对性能的大幅提升，吸引了很多的 PHP 开发者。

PHP 的主流开发框架有 ThinkPHP、Yii 和 Laravel 等。其中，Laravel 是目前 PHP 开发最主流的框架，它功能强大，设计思想先进，集合了 PHP 的优点和特性，但是上手较难。

PHP 常用的 http 调用方法有 file_get_contents 函数和 curl 扩展库。此处使用 PHP 原生支持的 file_get_contents，方法如下：

(1) 封装请求参数，代码如下：

```
1    $postdata = http_build_query($post_data);
```

(2) 封装请求对象，代码如下：

```
1    $options = array(
2        'http' => array(
3            'method' => 'POST',
4            'header' => 'Content-type:application/json',
5            'content' => $postdata,
6            'timeout' => 120 // 超时时间(秒)
7        )
8    );
9    $context = stream_context_create($options);
```

(3) 发送请求，接收响应，代码如下：

```
1    $result = file_get_contents($url, false, $context);
```

(4) 将上述过程封装为完整的函数，代码如下：

```
1    /**
2    发送 post 请求
3    @param string $url  请求地址
4    @param array $post_data  请求数据
5    @return string
6    */
7    function send_post($url, $post_data) {
8        $postdata = http_build_query($post_data);
9        $options = array(
10           'http' => array(
11               'method' => 'POST',
12               'header' => 'Content-type:application/json',
13               'content' => $postdata,
```

```
14              'timeout' => 120 // 超时时间(秒)
15          )
16      );
17      $context = stream_context_create($options);
18      $result = file_get_contents($url, false, $context);
19      return $result;
20  }
```

（5）调用封装的请求函数，代码如下：

```
1   $post_data = array(
2       'name' => 'yupi',
3       'age' => 12
4   );
5   send_post('http://www.xxx.com', $post_data);
```

8.4.3　Go 语言

Go 语言是谷歌为了降低开发软件的复杂度而推出的编程语言，它具有简洁、高效、快速、安全等特点，且天然支持高并发。Go 的编译速度极快，编译后 Go 代码的运行速度能够媲美 C 语言。

> 💡 著名的开源容器引擎 Docker 就是 Go 语言编写的。Docker 的出现不仅推进了虚拟化、容器技术的发展，也为微服务的快速部署、Hyperledger Fabric 区块链的部署奠定了基础。

Go 语言还支持面向对象，具有闭包、反射等高级功能，学习过 Java 语言的开发者能够快速上手并投入开发。

Go 语言的主流 Web 开发框架有 Beego、Gin、Revel 等，这些框架都充分发挥了 Go 语言天然高性能的优点，能从容地面对高并发的场景。

使用 Go 语言提供的 net/http 模块下的 http.NewRequest 可以很轻松地进行 Http 调用，在数据抓取场景下也经常被使用。方法如下：

（1）初始化 HttpClient，代码如下：

```
1   client := &http.Client{}
```

（2）设置请求参数，封装请求对象。

Get 请求方式代码如下：

```
1   reqest, _ := http.NewRequest("GET", "http://xxx.com", nil)
```

Post 请求方式代码如下：

```
1    req := `{"name":"yupi", "age": 20}`
2    post_data := bytes.NewBuffer([]byte(req))
3    request, _ = http.NewRequest("POST", "http://xxx.com", post_data)
4    // 请求参数格式为 json
5    request.Header.Set("Content-type", "application/json")
```

(3) 发送请求，接收响应状态码和字符串，代码如下：

```
1    response, _ = client.Do(request)
2    // 状态码 200 表示成功
3    if response.StatusCode == 200 {
4        body, _ := ioutil.ReadAll(response.Body)
5        fmt.Println(string(body))
6    }
```

8.4.4　Node.js

　　严格来说，Node.js 不是一门编程语言，而是类似.Net 的让 JavaScript 能够运行在服务端的开发平台。JavaScript 是前端开发必不可少的脚本语言，运行速度很快。Node.js 采用封装的 V8 引擎，它的出现让 JavaScript 等脚本语言的运行速度得到极大的提升，同时让 JavaScript 具备了服务器端开发的能力。

　　Node.js 使用事件驱动、非阻塞的 I/O 模型。即使不新增额外的线程(即单线程)，仍能够通过事件循环对任务进行并发处理。因此 Node.js 轻量且高效，适合实时应用的开发。

> 　　得益于Node.js 的出现，如今 JS 不仅是一门前端脚本语言，还能够开发服务器端应用、游戏、原生 APP、桌面应用等。凭借其广泛的应用场景，JavaScript 已连续多年被评为 Github 最受欢迎的语言。

　　Node.js 最著名的框架是 Express。Express 框架为 Node.js 原生的 Api 进行了良好的封装，定义了大量的语法糖，且支持插件的开发和扩展。

　　JS 原本就是前端脚本语言，Ajax(异步 JavaScript 和 XML)的出现开创了动态网站的时代。因此，使用原生 JS 模拟 Http 请求本就十分简单，且 Node.js 的 Http 模块对原本的 Ajax 请求进行了封装，提供了一套更易使用的异步 http 调用。下面介绍其使用方法：

　　(1) 引入模块，代码如下：

```
1    var http = require("http");
```

　　(2) 封装请求参数和请求对象，代码如下：

```
1    // 请求参数
2    var data = {
3        name: "yupi",
4        age: 20
5    };
6    // 格式化为 json
7    data = JSON.stringify(data);
8    // 封装请求的相关属性
9    var option = {
10       host:'localhost',
11       port:'8080',
12       method:'POST',
13       path:'/api/v1/xxx',
14       headers:{
15           "Content-Type": 'application/json'
16       }
17   }
```

(3) 定义对响应结果的处理和错误处理，代码如下：

```
1    // 封装请求对象，定义对响应结果的处理
2    var req = http.request(opt, function(res) {
3        console.log("response: " + res.statusCode);
4        res.on('data'，function(data){
5            // 拼接结果字符串
6            body += data;
7        }).on('end', function(){
8            console.log(body)
9        });
10   }).on('error', function(e) {
11       console.log("error: " + e.message);
12   })
```

(4) 写入请求参数，发送请求，代码如下：

```
1    // 传入请求参数
2    req.write(data);
3    // 发送请求
4    req.end();
```

　　Node.js 的生态圈十分活跃，除了 Http 模块外，还有更简单易用的 request 模块等，读者可以自行查阅其用法。

8.4.5　Python

　　Python 作为一种面向对象的解释型高级编程语言，有简单、可移植、高可扩展、可嵌入性、丰富类库等优点，因此，它不仅在 Web 开发、科学计算、云计算、网络爬虫等领域被广泛使用，更是目前人工智能的首选编程语言。

> 　　Python 极高的开发效率和强大的第三方库使其成为人工智能的首选编程语言。基本任何功能在 Python 生态中都有相应的模块支持，可直接下载调用或二次开发，大幅缩短开发周期。

　　Python 最著名的 Web 框架是 Django。Django 基于 MVC 的框架模式，适用于开发各种类型的网站系统。其他流行的 Web 框架有轻量级的 Flask 和微型的 Bottle。

　　Python 的丰富类库如自带的 urllib2、httplib 和第三方的 requests 等都是 Http 调用的客户端，其调用过程和其他语言没有差别，但是代码量却大大缩减了。

　　此处我们使用 requests 库，其自带 Json 解析，因此只需不超过 3 行代码就能完成一次 http 接口的调用。方法如下：

　　(1) Get 请求方式代码如下：

```
1    print requests.get('http://www.xxx.com).text
```

　　(2) Post 请求方式代码如下：

```
1    payload = {'name': 'yupi', 'age': 20}
2    r = requests.post("http://www.xxx.com", data=payload)
3    print "res: " + r.text + "status: " + r.status_code
```

本　章　小　结

　　本章首先带领读者了解区块链项目的几种开发方式，接下来介绍目前主流的几种编程语言的特点、应用场景及接入 Composer Rest Server 的方法。建议读者在使用客户端接入 Rest Server 前先使用 Swagger 界面对接口进行测试，保证 Api 接口的正确性。

　　显然，Hyperledger Composer 提供的 Restful Api 让区块链开发不局限于编程语言，十分灵活。但是 Hyperledger Composer 也有其致命的缺点，即性能较低，不支持高并发。通过测试，查询接口支持 20-30q/s，而增删改接口仅支持 5-10q/s！因此，给读者一些 Hyperledger Composer 的使用建议如下：

　　• 避免冗余数据上链；

- 尽量对上链数据少做修改，多做查询；
- 定时备份区块链数据；
- 在业务中使用限流或消息队列等技术减轻 Rest Server 的负载；
- 部署多个 Rest Server，并通过 Nginx 等反向代理服务器实现负载均衡，以提高并发度。

到此为止，Hyperledger 系列教程就结束了。学习区块链的最佳状态应该是先结合业务去理解区块链的应用场景并亲手完成一个基于区块链的项目(或是 Demo)，而不是刚开始就深究 Hyperledger 背后的原理和架构。此外，还应思考怎样优化项目，让现有区块链架构更稳定、安全、高效，为此，需要深入研究区块链底层技术和细节。

相信读者通过本书的学习和实践，再加强练习，一定能够成为一名优秀的开发者。让我们拥抱区块链技术，拥抱这个信息化时代。

未来已来，只是尚未流行！

参 考 文 献

[1] 吴寿鹤，冯翔，刘涛，等. 区块链开发实战[M]. 北京：机械工业出版社，2018.

[2] 蔡亮，李启雷，梁秀波. 区块链技术进阶与实战[M]. 北京：人民邮电出版社，2018.

[3] 韩璇，刘亚敏. 区块链技术中的共识机制研究[J]. 信息网络安全，2017(9)：147-152.

[4] 李赫，孙继飞，杨泳，等. 基于区块链 2.0 的以太坊初探[J]. 中国金融电脑，2017(6)：57-60.

[5] EOSIO. EOS 源代码[EB/OL]. [2016-8-17]. https://github.com/EOSIO.

[6] 谜恋猫. 区块链游戏[EB/OL]. [2017-09-14]. http://www.cryptokitties.co.

[7] Truffle suite. 以太坊开发框架. [2016-09-12]. https://truffleframework.com.

[8] 杨保华，陈昌. 区块链原理、设计与应用[M]. 北京：机械工业出版社，2017.

[9] 沈昌祥，张焕国，冯登国，等. 信息安全综述[J]. 中国科学(E 辑：信息科学)，2007，37(2): 129-150.

[10] 旷华. 安全哈希算法 SHA[J]. 金融科技时代，2003，11(6): 24-26.

[11] 李文胜. 基于 RSA 算法与对称加密算法的安全通信系统的设计[J]. 计算机安全，2008(6)：41-43.

[12] 李莉，薛锐，张焕国，等. 基于口令认证的密钥交换协议的安全性分析[J]. 电子学报，2005，33(1): 166-170.

[13] 杨毅. HyperLedger Fabric 开发实战：快速掌握区块链技术[M]. 北京：电子工业出版社，2018.

[14] 张增骏，董宁，朱轩彤，等. 深度探索区块链：Hyperledger 技术与应用[M]. 北京：机械工业出版社，2018.

[15] Hyperledger. 超级账本源代码[EB/OL]. [2014-5-15]. http://github.com/hyperledger/fabric.

[16] Hyperledger. 超级账本源代码[EB/OL]. [2014-5-15]. http://github.com/hyperledger/sawtooth-core.

[17] Hyperledger. 超级账本源代码[EB/OL]. [2014-5-15]. http://github.com/hyperledger/iroha.

[18] Hyperledger. 超级账本源代码[EB/OL]. [2014-5-15]. http://github.com/hyperledger/blockchain-explorer.

[19] Hyperledger. 超级账本源代码[EB/OL]. [2014-5-15]. http://github.com/hyperledger/cello.

[20] Hyperledger. 超级账本源代码[EB/OL]. [2014-5-15]. http://github.com/hyperledger/burrow.